ゲームを動かす技術と発想 R

堂前 嘉樹 著

Born Digital, Inc.

■ご注意

本書は著作権上の保護を受けています。論評目的の抜粋や引用を除いて、著作権者および出版社の承諾なしに複写することはできません。本書やその一部の複写作成は個人使用目的以外のいかなる理由であれ、著作権法違反になります。

■責任と保証の制限

本書の著者、編集者および出版社は、本書を作成するにあたり最大限の努力をしました。但し、本書の内容に関して明示、非明示に関わらず、いかなる保証も致しません。本書の内容、それによって得られた成果の利用に関して、または、その結果として生じた偶発的、間接的損傷に関して一切の責任を負いません。

■商標

本書に記載されている製品名、会社名は、それぞれ各社の商標または登録商標です。本書では、商標を所有する会社や組織の一覧を明示すること、または商標名を記載するたびに商標記号を挿入することは特別な場合を除き行っていません。本書は、商標名を編集上の目的だけで使用しています。商標所有者の利益は厳守されており、商標の権利を侵害する意図は全くありません。

はじめに

この本は 2012 年に SB クリエイティブ（旧ソフトバンククリエイティブ）様より刊行された「ゲームを動かす技術と発想」のリマスター版です。

「ゲームを動かす技術と発想」は自分にとって初めての書籍だったのですが、書こうと思った目的として、私はゲームプログラマとして長年働いていますが、ゲーム開発に関わる他の職種、例えばゲームデザイナーやアーティストに対し、こういった理屈や考え方、知識を持ってもらうと有意義に仕事が進められますよ、という要点を伝えられればと思い執筆しました。

ゲームプログラマ以外にフォーカスしていて、さらにゲームプログラマを目指す学生、そして若手ゲームプログラマにも意識していましたが、実際蓋を開けてみると、ベテランのゲームプログラマにも好評で、幅広く読んでもらうことができました。

その翌年は CEDEC AWARDS 2013 著述賞というのもいただき、それにより仕事の幅も広がり、私自身、会社を設立するまでに至りました。

そんな「ゲームを動かす技術と発想」ですが、方々で講義などをすることがあります。最近（2019 年）も行いましたが、7 年前の書籍なので自分で読んでいて情報が古いと感じるところも多くなってきました。

7 年の間に新技術の出現もありますが、商用ゲームエンジンがかなり利用されるようになったことによるアルゴリズムの違い、またゲーム機自体の構成の変化などが存在してきました。

そういった情報をフォローアップすべく、本書を立ち上げました。

今回のタイトルは「ゲームを動かす技術と発想 R」にしました。

この「R」ですが「Remaster」「Reborn」などの意味と、あと「令和（Reiwa）」からも取っています。

「ゲームを動かす技術と発想 R」がゲーム開発に関わる皆様の手助けとなることを祈っています。

堂前嘉樹

目次

はじめに iii

Chapter 1　基本の話 1
- 1.1：ゲーム機を構成するもの 2
- 1.2：モチーフとするゲームの紹介 2
- 1.3：必要な物をメモリに 3
- 1.4：プレイヤーを動かす 5
- 1.5：敵をプレイヤーに向けて攻撃させる 6
- 1.6：画面に表示する 7
- 1.7：一定の間隔で動かす 8
- 1.8：もっと詳しい話 9

Chapter 2　メモリとストレージ 11
- 2.1：メモリとは 12
- 2.2：メモリの単位 13
- 2.3：1 バイトを細かく分ける 14
- 2.4：CPU は「2」がお好き 15
- 2.5：メモリの最大数 16
- 2.6：アドレス 17
- 2.7：ゲームでのメモリの使い方 19
- 2.8：常駐と非常駐 21
- 2.9：確保と解放 22
- 2.10：メモリ確保ができなくなる要因 24
- 2.11：断片化を避けるには 27
- 2.12：メモリリーク 33
- 2.13：ストレージからの読み込みについて 34
- 2.14：データをファイル 1 つにまとめる 35
- 2.15：必要ならデータを重複させる 36
- 2.16：データの圧縮 42
- 2.17：圧縮データの展開 43
- 2.18：裏読み 45
- 2.19：まとめ 47

Chapter 3　CPU と GPU 49

- 3.1：CPU とは 50
- 3.2：プログラムと CPU 50
- 3.3：メモリ上のプログラム 51
- 3.4：メインループの最初と最後 55
- 3.5：垂直同期とフレーム 57
- 3.6：30fps の選択 60
- 3.7：デルタタイムを考慮 62
- 3.8：GPU 65
- 3.9：ダブルバッファ 67
- 3.10：GPU に関連する処理フロー 70
- 3.11：スレッド 74
- 3.12：マルチコア 76
- 3.13：実際に何を並列処理させるか 77
- 3.14：ブロック図 80
- 3.15：ゲーム機の簡単な動作の流れ 82
- 3.16：キャッシュ 83
- 3.17：VRAM と eDRAM 88
- 3.18：まとめ 93

Chapter 4　数値表現と演算 95

- 4.1：10 進数と 2 進数 96
- 4.2：16 進数 97
- 4.3：加算、減算、正の数、負の数 99
- 4.4：ビットシフト 101
- 4.5：論理演算 104
- 4.6：小数 108
- 4.7：まとめ 114

Chapter 5　3D グラフィックスの数学 115

- 5.1：ゲーム開発と数学 116
- 5.2：3 次元空間の座標系 116
- 5.3：座標とベクトル 118
- 5.4：マトリクス 120
- 5.5：マトリクスによる変換 121
- 5.6：W 要素の必要性 126
- 5.7：マトリクスの掛け算 128
- 5.8：変換の順序 130
- 5.9：逆マトリクス 131

    5.10：クォータニオン 134
    5.11：座標系 135
    5.12：ローカル（Local）座標系 136
    5.13：ワールド（World）座標系 136
    5.14：ビュー（View）座標系 138
    5.15：カメラについて 140
    5.16：プロジェクション（Projection）座標系 144
    5.17：座標系の変換を楽にする工夫 145
    5.18：まとめ 146

Chapter 6　アニメーション 147

    6.1：アニメーションの重要性 148
    6.2：アニメーションの基本原理 148
    6.3：アニメーションデータのサイズ 150
    6.4：体が動くということ 153
    6.5：関節でデータを持つ 154
    6.6：アニメーションデータの流用 156
    6.7：関節の数と表現力 159
    6.8：アイテムの装着 160
    6.9：部分的なアニメーション 160
    6.10：揺れる髪の毛 163
    6.11：関節の親子構造 166
    6.12：関節の親子構造の計算 170
    6.13：IK 処理 173
    6.14：スキニング 177
    6.15：補助関節 179
    6.16：アニメーションデータのサイズ削減 181
    6.17：骨格データによるサイズ削減 182
    6.18：回転情報の圧縮によるサイズ削減 186
    6.19：キーフレームと間引きによるサイズ削減 188
    6.20：アニメーションデータの持ち方のまとめ 191
    6.21：モーションキャプチャ 193
    6.22：まとめ 194

Chapter 7　3D グラフィックス〜頂点 195

    7.1：絵を描くことについておさらい 196
    7.2：解像度とピクセル 197
    7.3：RGBA 199
    7.4：3D ゲームの基本はポリゴン 204
    7.5：頂点カラー 204
    7.6：テクスチャとテクスチャ座標 205

7.7：法線とライティング ... 209
7.8：頂点ごとの法線情報 ... 212
7.9：平行光源と点光源 ... 215
7.10：頂点情報のサイズ削減 ... 217
7.11：動くオブジェクトと動かないオブジェクト ... 219
7.12：頂点情報の見直し ... 222
7.13：頂点情報の送信 ... 226
7.14：まとめ ... 230

Chapter 8　3D グラフィックス〜ポリゴン、ピクセル、テクスチャ ... 231

8.1：ポリゴンを描いてみよう ... 232
8.2：半透明と不透明 ... 237
8.3：デプスバッファとデプステストについて補足 ... 239
8.4：デプスバッファのサイズ ... 242
8.5：ステンシル ... 244
8.6：ビルボード ... 246
8.7：ピクセルの種類 ... 248
8.8：2 バイトピクセル ... 248
8.9：HDR ... 250
8.10：圧縮テクスチャ ... 251
8.11：DXT 圧縮 ... 253
8.12：ピクセル形式のまとめ ... 258
8.13：まとめ ... 261

Chapter 9　3D グラフィックス〜シェーダー、高速化 ... 263

9.1：頂点シェーダーとピクセルシェーダー ... 264
9.2：シェーダーによるライティング ... 266
9.3：シェーダーの利用方法 ... 268
9.4：シェーダーの負荷 ... 272
9.5：ポストフィルタとレンダーテクスチャ ... 275
9.6：ブルーム ... 277
9.7：被写界深度 ... 281
9.8：より綺麗に見せるための高速化 ... 285
9.9：フレームバッファのサイズ ... 285
9.10：レンダーテクスチャを使った負荷軽減 ... 286
9.11：ポリゴンの裏表 ... 288
9.12：LOD ... 291
9.13：ミップマップ ... 293
9.14：不透明の描画順序 ... 295
9.15：まとめ ... 299

Chapter 10　ゲームプログラミングの物理学 301

- 10.1：座標の単位と座標の扱い 302
- 10.2：現実世界での速度 303
- 10.3：ゲームの世界での速度を再現 305
- 10.4：3D 空間上の速度 307
- 10.5：加速と減速 309
- 10.6：加速度 310
- 10.7：重力 313
- 10.8：重力のコントロール 314
- 10.9：減速 315
- 10.10：摩擦力 318
- 10.11：ヒットチェック 322
- 10.12：反射 325
- 10.13：ヒットデータ 328
- 10.14：球と点との位置関係 330
- 10.16：円柱と点との位置関係 334
- 10.17：ヒットデータのまとめ 336
- 10.18：バウンディングボックスとバウンディングスフィア 339
- 10.19：エリアの分割 342
- 10.20：まとめ 344

あとがき 345
索引 346

Chapter 1
基本の話

本章では、ゲームがどのように動いているかを簡単にお話していきます。ゲーム機がどのような構成になっているか、そしてそれらがどう働くかといった基本の部分だけを紹介し、詳細は以降の章でお話しようかと思います。まずは本章で、ゲームとゲーム機のアウトラインをつかんでください。

1.1：ゲーム機を構成するもの

ゲーム機は、たくさんのエレクトロニクスの複合で構成されています。例えばプレイヤーを操作するためのコントローラー、DVD や BD（ブルーレイディスク）を読み取るためのドライブ、ゲーム自体の情報やセーブデータを保存しておくためのストレージがあり、本体内部にはメモリや CPU といったものが存在します。ひとつひとつを掘り下げて話していくとたいへんですので、本章ではいくつかを抽象的に扱って紹介します。

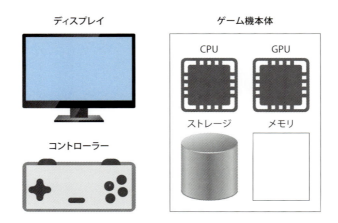

ここで取り上げるのは次のものです。まずはゲームのプログラムやゲームの情報、そして画面に表示されるグラフィックスデータが格納されている**ストレージ**（ハードディスクなど）。そして、それらのデータのうち必要なものだけを格納する**メモリ**。メモリを参照してプレイヤーを動かしたり敵を攻撃させたりする **CPU**。グラフィックスデータを把握し、画面に必要な情報を表示させる **GPU**。ユーザーからの操作を受け付けるための**コントローラー**。ゲームの情報が絵として表れる**ディスプレイ**。

本物はもっと複雑ですが、ここではこれらに絞ってゲームの挙動を説明します。

1.2：モチーフとするゲームの紹介

今回はゲームの中でもメジャーなジャンルである「3D アクションゲーム」を例として紹介します。3D アクションゲームには、以下のような要素が含まれます。

- ユーザーがコントローラーを操作することで、画面に表示されているプレイヤーを動かすことができる
- プレイヤーはマップの地面に沿って歩くことができる
- 攻撃ボタンを押すことで敵に向かって攻撃できる
- 敵はプレイヤーめがけて弾を撃ったり突進したりする
- ユーザーはコントローラーを使ってゲーム上のカメラを任意に回転したりできる
- プレイヤー、マップ、敵が逐一表示される

これらについて、各ユニットがどのように稼動しているかを紹介します。

1.3：必要な物をメモリに

まず真っ先に、ゲームに使うプログラムやゲーム情報、グラフィックスデータ等をメモリに格納しなければなりません。 ゲーム機の電源を入れてゲームを起動すると、プログラムが真っ先にメモリに格納されます。 その後プログラムは、各シチュエーションに必要なデータを取捨選択し、メモリに格納します。

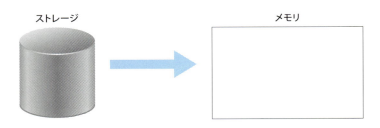

本来ならストレージの情報を全てメモリに入れたいところですが、メモリのサイズには限りがあり、ストレージの中身を全て入れることはできません。よって、「取ってくる」「捨てる」ということを繰り返します。

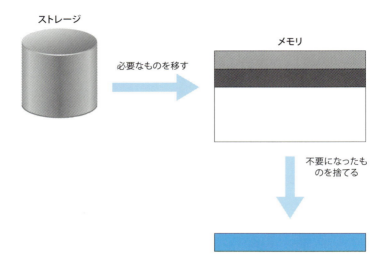

次の図の例では、3Dアクションゲームに必要な情報（プログラム、プレイヤーや敵のグラフィックスデータ、そして体力や攻撃力などのゲーム情報）がストレージから読み込まれて格納されています。

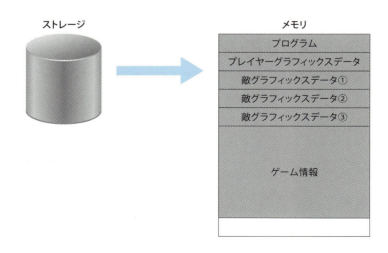

1.4：プレイヤーを動かす

プレイヤーを動かすのはコントローラー、CPU、メモリの仕事です。まず、コントローラーの入力から、どのキーが押されたかを CPU が判断します。例えば左ボタンが押された場合、CPU は「左ボタンが押された」と判断します。

次に、「左ボタンが押された」場合にプレイヤーをどうさせるか、これも CPU に判断させます。CPU がメモリ上のプログラムを参照し、左ボタンを押されたときの挙動を把握し、そしてメモリ上の別の場所にあるプレイヤー情報を更新します。

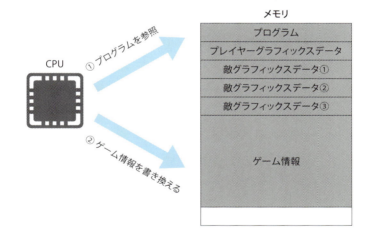

具体例としては例えばこうなります。「左ボタンが押された」とき、「プレイヤー座標を左に N 単位進める」ことを CPU がメモリ上のプログラムから判断します。そして CPU は、メモリ上のプレイヤー座標に N を加えます。

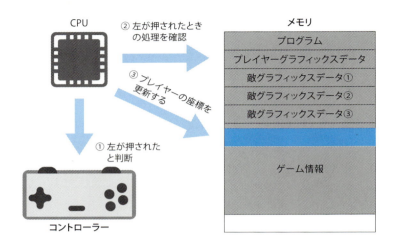

1.5：敵をプレイヤーに向けて攻撃させる

プレイヤーが動けば、周りの敵もそれに応じて動いたり、攻撃したりします。敵はプレイヤーと違って複数存在します。そして、それぞれについての情報（体力、攻撃力、座標など）がメモリ上に載っています。

同時にプレイヤーの情報もメモリに載っているので、CPUはプレイヤーや他の敵の情報を参照しながら、敵ごとに行動を制御します。プレイヤーに近づいたり、攻撃したり、ときには逃げたりするように行動させます。

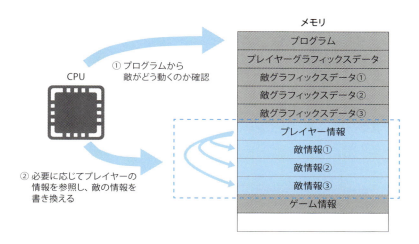

1.6：画面に表示する

いくらゲームがゲーム機内部で動いていたとしても、それを目で確認できなければゲームとは言えません。ディスプレイに表示させるのはGPUの仕事です。

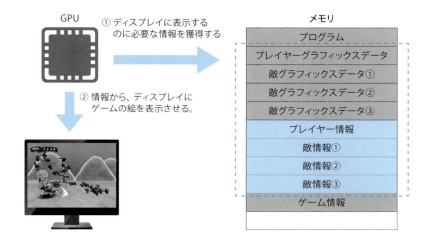

図のように、GPU は、ディスプレイに表示するのに必要なメモリ内の情報を参照します。この情報としては、プレイヤー、マップ、敵などのグラフィックスデータや、プレイヤーの表示座標などがあります。GPU はこれらの情報を参照し、ディスプレイに表示するように動作します。

1.7：一定の間隔で動かす

コントローラーでプレイヤーが動かされたり、それに伴って敵が動いたりすることで、メモリ内の情報が一定期間ごとに少しずつ変化します。その変化が一定期間ごとにディスプレイに表示され、更新されることで、3D アクションゲームが体感できるようになります。

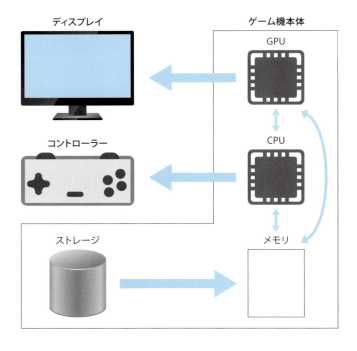

1.8：もっと詳しい話

ここまで、ゲームの流れを簡単に追ってきました。ゲーム機を構成するものには「ストレージ」「メモリ」「CPU」「GPU」「コントローラー」等があり、それらの間で情報をやり取りすることで、世間一般に言われるゲームが表現されます。

そこでやり取りされる「情報」は、実際にはもう少し複雑だったりします。例えば敵がプレイヤーに向かって移動するだけでも、次の図のような情報や処理が必要になってきます。

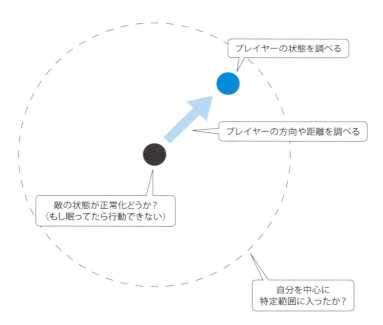

敵がプレイヤーに向かって移動するためには、移動すべき方向をプレイヤーの位置から算出する必要があります。それには sin や cos といった「三角関数」の知識が必要になります。どのくらい距離が離れているかを知るには、「三平方の定理」の知識が必要になります。

そもそも、敵自身がどのような状態にあるのかについても把握しなければなりません。例えば、今現在向いている方向が重要になります。「プレイヤーが後ろから近づいたときは気が付かない」というようにすると、ゲームとしてのリアリティが増します。そのためには、メモリから情報を取得することが必須です。

このような細かな知識が他にもたくさん必要になってきます。次の章からは、それぞれのユニットや知識について、掘り下げて話を進めていきます。

Chapter 2
メモリとストレージ

ゲームはダウンロードやディスクメディアの形で購入するのが一般的で、まずハードディスクなどのストレージにインストールします。そしてゲーム実行中はプログラムや画像データなどを利用できるようにするため、ストレージからメモリに読み込まなければなりません。メモリとは、データを一時的に保管しておくための場所です。

ゲーム機はストレージやメモリをどのように扱うのか、プログラマはどんなことを考えながらストレージやメモリを操作するのか。本章ではこういった事柄について解説します。

2.1：メモリとは

ゲームはダウンロードやDVDやBD（ブルーレイディスク）といったディスクメディアの形で購入することが一般的です。現代ではインストールなどが行われハードディスクなどのストレージに格納されますが、その中にはゲームを構成するために必要な情報、例えばプレイヤーや敵、マップなどのグラフィックデータ、ムービー、音楽、そしてプログラムが詰まっています。

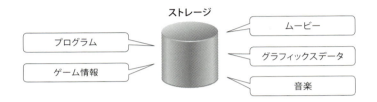

ストレージはたくさんデータが入る代わりに、データを読み込む速度が遅いという欠点があります。それらのデータを一時的に置いておくためのものが**メモリ**です。

ゲームをプレイしていると、「NOW LOADING」の画面が合間合間に入ることがあるかと思います。この画面が出ている間に、前の場面で使っていたデータをメモリから破棄し、次の場面のデータをストレージから読み取ってメモリに格納する処理を行っています。ゲーム機の電源を入れてタイトル画面が表示され、そこからメニュー画面に移る様子を下の図に示します。

2.2：メモリの単位

このようにデータの格納に使われるメモリですが、当然、無限ではありません。有限であり、使用可能な総サイズというものが存在します。しかしその話の前に、まずは最小単位について説明しましょう。

長さを「○メートル」、重さを「○グラム」と数えるのと同じように、メモリにも特定の**単位**が存在します。メモリの単位は**バイト**（Byte）で、英単語の頭文字をとってＢと表記されます。

「１バイト」にはそれなりの情報が詰まっています。１バイトで表現されるのは**0〜255**の数値です。つまり１バイトで256の段階が表現できます。

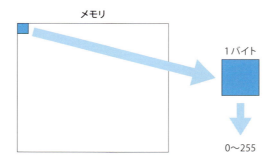

ここで「0〜255」としましたが、ゲームの観点から見るときに、この数値の範囲はどう捉えるべきでしょうか？ ゲームにはスコアや所持金といった情報が存在しますが、例えば所持金の最大が255のRPGというのは考えにくいでしょう。情報の種類によっては１バイトで十分に表現できることもありますが、そうではないことのほうがほとんどです。

そういった場合には、複数のバイトをまとめて１つの数値として扱います。例えば**２バイト**で数値を表現することを考えてみましょう。２バイトということで「256＋256」の512段階かなと思われるかもしれません。ですが実際は、「256×256」で65536段階になります。数値で言うと**0〜65535**に広がります。

これで、表現できる最大数が255から一気に増えましたが、それでも６万強なので、所持金や経験値の数値として考えると不安ですよね。

そこで次に**4バイト**について考えます。同様に「256×256×256×256」で、そうすると数値の範囲もグッと広がり、**0〜4294967295**の範囲が表現できます。これくらい範囲が広ければ、ゲーム内での所持金や経験値などを表現するのに十分ですね。

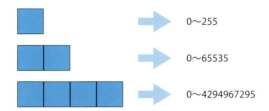

ゲームの処理では、このように1バイト、2バイト、4バイトを基本単位としてメモリに格納しています。

2.3：1バイトを細かく分ける

メモリの最小単位は「バイト」ですが、この「バイト」も細かく分けることができます。その単位を**ビット**（bit）と言い、「1バイト＝8ビット」で構成されます。1バイトは0〜255の数値を表現できますが、1ビットは0もしくは1の数値を表現できます。「0か1か」というのは非常に有用で、1ビットでYES/NOが表現できることになります。

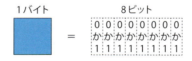

「バイト」と同様、ビットも複数組み合わせることによって数値の表現幅が広がります。例えば2ビットは0〜3、3ビットは0〜7の範囲になります。

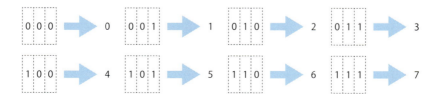

CPUはビットの判断よりバイトの判断が得意で、バイトのほうが処理も気持ち速くなります。しかしゲームのセーブデータなど、情報量を圧縮してサイズを縮めたいときにビットを使うことがあります。

2.4：CPUは「2」がお好き

2.2節の最小単位の話の中に3バイトが登場しなかったことが気になった方もいるかもしれません。これには理由があります。

メモリを扱うのは主にCPUになりますが、ゲーム機の広告や仕様を見ているとCPUのところに「16ビット」「32ビット」などと書かれていることがあるかと思います。これはCPUが扱える基本単位の処理量を示しています。そしてこの処理量が、CPUが処理するのに最も適しているサイズになります。ですので、「16ビット」のCPUは2バイトを、「32ビット」のCPUは4バイトを基本単位とします。

CPUというのは「2」が大好きです。最小単位のビットからして「0か1」の2段階であり、このビットの組み合わせでメモリも成り立つので、2が大好きなCPUにとって好都合です。さらにCPUは、1バイトはもちろん、2バイト、4バイトなどを扱うのが得意です。ビット数で考えると、

  1バイト ＝ 8ビット ＝ 2 × 2 × 2ビット
  2バイト ＝ 16ビット ＝ 2 × 2 × 2 × 2ビット
  4バイト ＝ 32ビット ＝ 2 × 2 × 2 × 2 × 2ビット

で、ビット数表記が全て「2」で表現できることになります。それに対して3バイトはどうでしょうか。

  3バイト ＝ 24ビット ＝ 2 × 2 × 2 × 3ビット

1、2、4バイトとは違って、ビット数表記に「3」が入ってきてしまいました。これはCPUにとって好ましいことではありません。そのため、3バイトを処理単位として使うことはありません。

2.5：メモリの最大数

ゲーム機に載るメモリのサイズは、当然、1バイトだけというわけではありません。多量の「バイト」が詰ったメモリが搭載されます。

「単位」という観点から話を進めていきましょう。「メートル(m)」という長さの単位がありますが、これが「キロメートル(km)」になると、同じ「1」でも長さが1000倍になります。この両者の違いは「キロ(k)」が付いているかどうかです。つまり「k」という接頭辞が付くと1000倍になるということです。

同じことが「バイト」にも言えます。バイト(B)に付く接頭辞の代表的なものを示します。

　　1KB（キロバイト）＝ 1024B（バイト）
　　1MB（メガバイト）＝ 1024KB
　　1GB（ギガバイト）＝ 1024MB
　　1TB（テラバイト）＝ 1024GB

最近は大容量のハードディスクもありますので、GBやTBもおなじみでしょう。ただ、ここでポイントとなるのは、「k（キロ）＝1000倍」ではなく、「k（キロ）＝**1024倍**」という中途半端な倍率になっていることです。CPUは「2」が好きだという話を前節でしましたが、それと関係があります。「1000」を別の形で表すと

　　1000 ＝ 2 × 2 × 2 × 5 × 5 × 5

となり、「5」が入るので扱いづらい数値だなと分かります。
それに対して「1024」は、

　　1024 ＝ 2 × 2 × 2 × 2 × 2 × 2 × 2 × 2 × 2 × 2

となり、全て「2」で表現できます。そのため、「1024」が使われるのです。

昨今のゲーム機には大容量のメモリが積まれており、ハイエンド機では映画さながらの表現が可能です。本書初稿時（2012年）ではPlayStation 3やXbox 360といったゲーム機が主流でしたが、そういったゲーム機には数百MBものメモリが積まれていました。例えば200MBで考えた場合、先ほどの4バイトのデータは何個格納できるでしょうか。

200MB = 200×1024KB = 200×1024×1024B = 209,715,200Bなので、
209,715,200B / 4B = 52,428,800個

このように、52,428,800個もの4バイト情報が扱えることになります。多すぎてピンとこないかもしれませんが、多く積んでいるなというイメージはつかめるのではないでしょうか。

現在（2019年）では数百MBどころではなく、数GBものメモリを搭載し、更に多くのデータを扱えます。

逆に、ファミコンのようなかなり昔のゲーム機はあまり多くのメモリを積んでいません。というより、コストの関係で多く積めませんでした。MBにも届かず、数KB程度のものもあります。例えば10KBで考えると、次のようになります。

10KB = 10×1024B = 10240Bなので、
10240B / 4B = 2560個

2560個の4バイト情報しか扱えないということです。このようなスペックを考えると、グラフィックスデータも小さくなることが予想されます。そのため、物足りないゲームになってしまうのではないかと感じられるかもしれません。

しかし、少ないメモリでも上手にやりくりすることで面白いゲームは作れますし、そこがゲームプログラマの仕事だと思います。

*2.6：*アドレス

メモリはゲームの情報を管理しておくための領域ですが、「領域」にはいくつもの範囲があります。また、特定の場所を指定する必要もあります。現実の世界で考えてみましょう。「領域」を市町村と見なすと、市町村内のいろいろな場所に家や店が建っています。そしてそれらの中身は当然、ひとつひとつ違います。同じようにメモリにも様々な場所があり、それぞれの中身が異なります。

では、個々の場所をどのように管理すれば良いでしょうか。現実の世界では「住所」が使われていますが、コンピュータの世界でも同じです。メモリの場所を指し示すのに「住所」と同じ概念が用いられており、それを**アドレス**と呼びます（「住所」を英語で言っただけですね）。

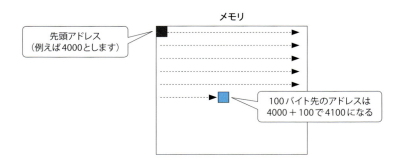

アドレスは数値で表現されます。上の図では、メモリの先頭は「4000」という固定のアドレスで指し示されます。そこから 100 バイト先のアドレスは、「先頭アドレス＋ 100」なので「4100」と表現されます。

> **コラム：ROM カートリッジの容量表記について**
>
> 私はゲーム業界に 20 年以上在籍しており、様々なゲームを開発してきました。その中には、CD-ROM や DVD といったディスク以外のメディア、つまり ROM カートリッジ（ファミコンのカセットのようなもの）で提供されるゲームも開発したことがあります。
>
> 最初に開発に関わったのが某携帯ゲーム機向けのゲームで、それもカートリッジのゲームでした。当時は PlayStation やセガサターンが流行っていて CD-ROM が全盛の時代で、容量が多く使える状況だったのですが、カートリッジだとそういうわけにもいきません。その点に関しては開発に関わる前から想像していましたし、ある程度の覚悟はしていました。そして、「今回のカートリッジの容量は 32 メガだ！」と最初に聞かされました。
>
> 当時私は新人だったのですが、CD-ROM は 600 メガバイト程度だということは知ってたので、「32 メガ」は桁こそひとつ違うものの、思ったよりも容量が多いものなんだなぁ、最近の技術って結構すごいなと思っていました。
>
> 大雑把に言いますと、当時の主流記録メディアでフロッピーディスクというものがあり、それは 1 枚 1 メガバイト程度なので、CD-ROM は 600 枚程度に相当します。そう考えると、今回のカートリッジは 32 枚分もある！　容量は気にしなくてもいいのかなと思い始めました。

しかし、開発を進めていくとどうも勝手が違うような気がしてきて、違和感を感じ始めました。まだ新人だったので知識不足なところもあったのですが、勉強して知識をつけていき、ようやく真実にたどり着きました。

最初に言われた「32メガ」ですが、それは「32メガバイト」ではなく、「32メガビット」ということだったのです！「1バイト＝8ビット」なので、「32メガビット」は実際は「4メガバイト」ということです。つまりフロッピーディスク4枚分しかないということにそこで気付き、想像以上に少ないと愕然としたものです。

諸説ありますが、ディスクメディアには「バイト」表記が使われます。その一方で、ROMカートリッジは基本的に「ビット」で表記されるものだったようです。当時は技術も進化していて32メガビットでもかなり多い部類に入ります。例えばファミコン黎明期の有名なRPGに、1メガビットのものがありました。バイトに換算すると128KBです。128KBというのは、現代の感覚で言うと、ホームページの小さめの画像のサイズと同程度だったりします。

先輩方の話を聞くに、そのためには現在では想像もつかない（というか、「そこまでやるの？」というレベルの）圧縮をやっているのだそうです。分かりやすいところでは、色違いの敵が挙げられます。色のデータ自体はとても小さいので今は圧縮する必要がないのですが、そういった細かな部分にも工夫を凝らしていたとのことです。そういった知識があると、レトロゲームをプレイするときに違った目で見られるかもしれません。

2.7：ゲームでのメモリの使い方

ここまでに、メモリのサイズや数え方を説明しました。ここからは、そのメモリをゲームで使うためにどうするかという話をしていきます。

メモリの使い方は、ゲーム作成者にほぼ一任されます。ハードウェアがあらかじめ確保している分と、ゲームプログラム自体が占める分以外は原則、全て利用できます。

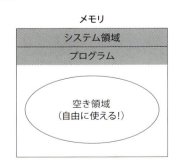

メモリとストレージ

ゲームを構成するものとして、通常のゲーム中の画面に加えてタイトル画面、メニュー画面、そしてエンディングのスタッフロールなどがあると思います。これらは全て必要ですが、右の図のようにメモリに全部入れてしまったらどうでしょう？

メモリにデータをこのように配置することは不可能ではありません。ただ、それぞれの画面におけるデータが小さくなります。あるいは、凝った画面を表示しようとするときにメモリが足りなくなって、実現できなくなります。ですので、一般的にはそれぞれの画面ごとにメモリを独占します。そして、画面が切り替わるときにはデータを破棄し、それから次の画面のデータをメモリに入れてやります。

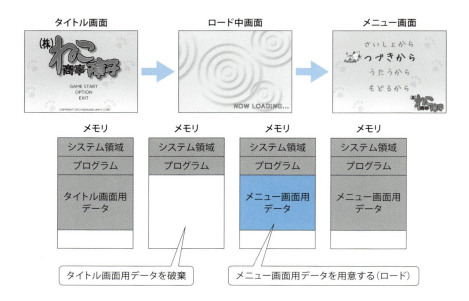

メモリに存在しないデータは全てストレージから読み取って、それをメモリに移さなければなりません。この読み込みには時間がかかるので、ユーザーに待ってもらうことになります。ですので「NOW LOADING」といった画面を出す必要があるのです。

2.8：常駐と非常駐

画面単位で切り替わるときにメモリ内のデータを全て入れ替えてもいいのですが、先に書いたとおり、入れ替えには読み込みが発生して時間がかかります。ですので、頻繁に使うデータは電源を入れたときに読み込んでメモリに置き、以降、ゲームが終了するまでそのままにしておくと効率的です。メモリ上にずっと存在し続けることから、この状態を**常駐**と呼びます。

例えばRPGにはフィールド移動画面、戦闘画面、メニュー画面などがありますが、それらには共通して文字（フォント）が表示されます。このフォントデータを画面切り替えのたびに入れ替えていたのでは読み込み時間が増えてしまいます。そこで、フォントデータを「常駐」させてやります。

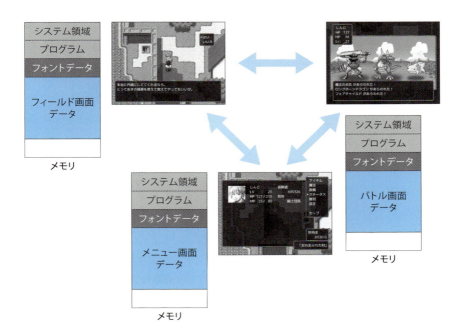

このようにすることで読み込み時間の短縮やデータの整理が図れます。そのため、どのデータを常駐にするかは非常に重要です。

2.9：確保と解放

ここまでに、画面ごとにメモリにデータを配置する話をしましたが、ここではその画面ごとのデータをどう配置するかについて説明します。

画面内データには、当然いろいろなものがあります。例えば3Dアクションゲームであれば、プレイヤー、敵、ステージのグラフィックスデータはもちろん、HPなどの情報を表示するための2Dの表示オブジェクト、さらに効果音や音楽などもあります。

これらをメモリに配置するわけですが、それには「確保」と「解放」という作業が必要になります。

画面が切り替わったらストレージからデータを読み取りますが、それらをメモリに配置する際には、「メモリを○○だけ使いますよ」と宣言しなければなりません。ゲームにはいろいろな処理があります。絵を描く処理、音を鳴らす処理、コントローラーを読み取る処理などです。それらの処理もメモリを使って実行するので、メモリを使いたがっています。ですので、「ここのメモリを使いますよ！」という宣言を明示的にする必要があります。そうすることで他の処理がその場所を使えなくなり、処理が安全に行えます。この、サイズを指定して使用を明言することを**確保**と言います。

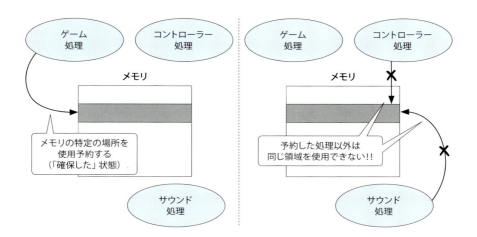

「確保」をすると、メモリのどこに配置していいかという情報、つまりアドレスが返ってきます。どの場所のアドレスが返ってくるかは処理によって毎回異なりますが、メモリ内の空いている適切な場所のアドレスが返されます。

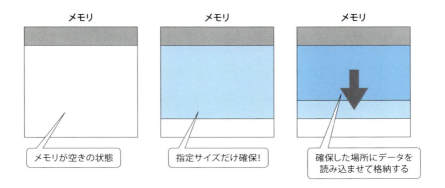

逆に、メモリ内のデータが不要になった際には破棄しなければなりません。そうしないと、他の処理でメモリが必要になったときに、その領域が塞がっていることになって使えないからです。不要なデータをメモリに置いておくのは無駄以外の何ものでもありません。この、メモリ内のデータの破棄を**解放**と言います。

「確保」したときに得られたアドレスを「解放」するときに指定することで、その確保領域が再度、使用可能な状態になります。

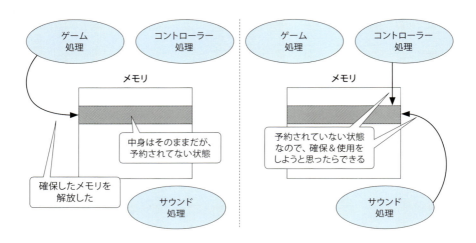

ゲームプログラムの内部では、このようなメモリの確保と解放が繰り返されています。

2.10：メモリ確保ができなくなる要因

前節で、必要に応じてメモリを確保する話をしました。しかし、もし確保できなかったらどうなるのでしょう？

確保できなかったときは、ほとんどの場合、ゲームが正しく動作しません。

確保できないことも想定してプログラムが作られていれば、一部のキャラクターが表示されない、といった程度の不具合で済むかもしれません。しかし、確保できるものと見込んでプログラムが作られていたら、おそらくハングアップしてしまうでしょう。

本来なら、ゲームを作るときに各画面のデータサイズを考え、メモリに収まるように設計すべきです。しかし、なんらかの要因で確保できなくなることがあります。その主なものとして、「連続している領域が確保できない」という問題があります。

メモリを確保してデータを配置する際には、データの順序というものが非常に重要になってきます。具体的な例として、タイトル画面からメニュー画面に移る際の状況を考えてみましょう。次の表のように、タイトル画面は「文字データ」「タイトルロゴのグラフィックスデータ」の2つから構成され、メニュー画面は「文字データ」

「メニュー画面のグラフィックスデータ」の2つから構成されます。「文字データ」は同じものを使います。

	タイトル画面	メニュー画面
文字データ	1MB	1MB
タイトルロゴ	8MB	-----
メニュー画面グラフィックスデータ	-----	10MB
合計	9MB	11MB

メモリは全部で16MBあるものとします。タイトル画面とメニュー画面の合計はどちらも16MB以下なので、この時点では当然、必要条件を満たしています。実際にタイトル画面でデータを読み込み、左下の図のようにメモリを確保したとします。

メモリの先頭から領域を確保し、タイトルロゴと文字データを配置しました。配置したデータの合計は9MBで、空きが7MBになります。次に、この状態からメニュー画面に遷移しますが、その際、文字データはそのまま残し、タイトルロゴだけを解放します（右下の図）。

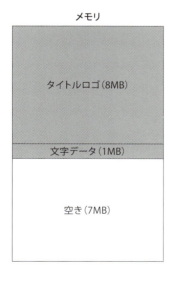
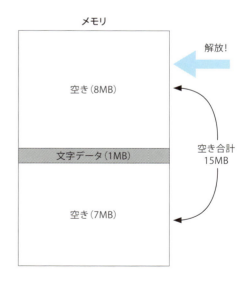

この状態では、メモリの先頭のほうに8MBの空きがあり、1MBの文字データ領域を挟み、後方に7MBの空きができています。合計では15MBの領域が空いています。文字データの1MBしか配置されていないので、当然ですね。

次に、メニュー画面のグラフィックスデータをメモリに置くための領域を確保しようとするのですが、このデータは10MBあるため、この状況だと確保できません。

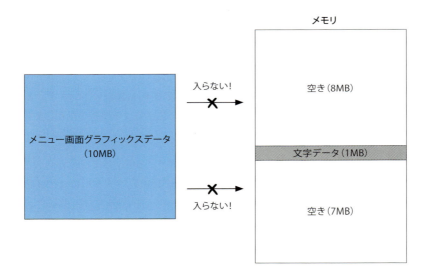

空きの合計だけを考えれば配置できるはずですが、配置のされ方によっては確保できないことがあるということです。メモリのこのような状態を断片化と呼び、メモリの確保、解放の観点から、非常に具合の悪い形とされています。

今回の場合、次の図のように配置されていれば、メニュー画面のデータを確保できます。

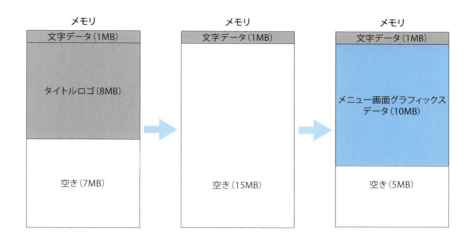

ここで見たように、メモリの空き状況を適切に把握するためには、単なる合計ではなく、連続領域の合計を知る必要があります。空きの連続領域が多くなるようにデータ配置を考えることは、プログラマにとって重要なことです。

2.11：断片化を避けるには

メモリの断片化を避けるには、読み込み順序と配置位置をしっかり管理すれば大丈夫なように思われますが、実際はもう少し複雑です。ストレージからデータを読み込む際、どのデータの読み込みが先に終わるのかといった順序は不定で、読み込み順序の制御は容易ではありません。データサイズについても、キャラクターやアイテムの種類が増えてくると、正確に把握するのにたいへんな手間がかかるようになってきます。やはり、何らかの断片化対策を施さなければなりません。ここでは、3つの対策方法を紹介します。

カテゴリごとに領域を分ける

メモリを大きな1つの領域として考えると、そこにグラフィックス、ゲーム情報、サウンドといった各種のデータが一気に詰め込まれ、混沌としてしまいます（右の図）。

昨今のゲームは多人数で開発することが多く、各自が読み込みやメモリの管理を行います。そのため、1つの領域だけで確保・解放を繰り返すと断片化の確率が高まり、問題が特定しづらくなります。そこでメモリの領域を、各カテゴリごとにあらかじめ分けておきます。

この図のようにプレイヤー、敵などの単位で分けておきます。この状態で確保・解放を行えば、他のカテゴリの読み込みやメモリ管理を気にすることなく処理できます。さらに、担当分野に対する問題意識も強く持つことができます。

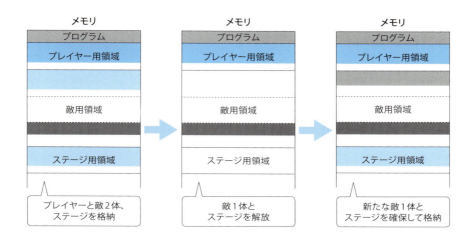

上の図は、ステージと敵1体だけを別のものに差し替える例です。このように、あらかじめ領域分けしておくことで他の領域を侵すことなく綺麗に確保・解放ができるようになります。

小容量、大容量で分ける

断片化は、比較的小さなデータの確保・解放が繰り返されることで引き起こされる傾向にあります。前節の例でも、1MBという小さな文字データの位置によって引き起こされたと考えられます。そこで、小さなデータはそれ専用の領域に配置するようにします。大きなデータと小さなデータの混在を避けることで断片化を防いでいこうという対策です。

例えば、100KBを境に「小さなデータ用領域」、「大きなデータ用領域」に分けるとしましょう。この取り決めのもとで50KBのデータと1MBのデータを格納するとしたら、次の図のようになります。

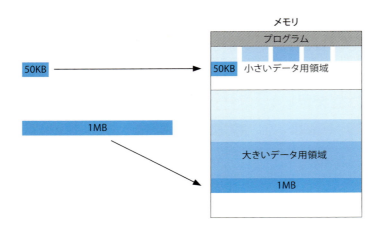

50KBは100KB以下なので「小さなデータ用領域」に確保され、1MBは100KBよりはるかに大きいので「大きなデータ用領域」に確保されます。

一定期間で再配置する

断片化が起きている状態から、使用中の領域だけを集めてまとめてしまい、空き容量を確保するという方法もあります。これを**ガベージコレクション**と呼びます（厳密には「コンパクション」ですが、本書では「ガベージコレクション」で統一します）。詳しく見ていきましょう。右の図のように断片化が起きているとします。断片化が非常に多く、乱雑な状態になっています。ここから、あるタイミングでガベージコレクションを行い、次の図のように整理します。

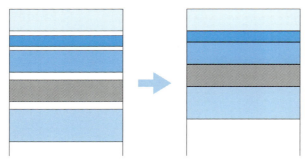

これで空き領域が広がり、大きなデータを配置しようとしても問題ありません。ただ、この方法にも問題があります。配置を整理するということは、データのアドレスが変わってしまうということです。そのため、プログラム側でもその点を考慮して、アドレスを変えなければなりません。

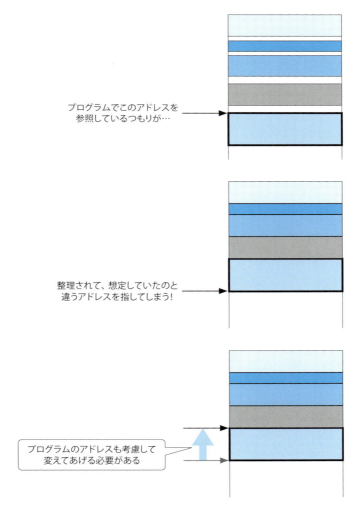

一見、万能なように思えるガベージコレクションですが、アドレスを変更するのに手間がかかりますし、データを整理して移し替える処理にも時間がかかります。

この移し替え時間がとても長くかかり、処理落ち（後の章で説明します）が発生するのですが、そういった現象を「スパイク」と呼びます。

本書初稿時（2012年）ではガベージコレクション自体の実装の難易度と、スパイクが不意に発生することから導入しているケースが稀でした。ですが現在（2019年）では商用ゲームエンジン側でガベージコレクションをサポートして利用することから、かなり一般的に使われるようになりました。

不意に発生するスパイクの対処として、「強制的に整理を行う」「整理を行わない設定にする」の２命令がプログラムで呼び出し可能なことがあります。

例えばタイトル画面→ゲーム画面の遷移時に「強制的に整理を行う」と、スパイクは発生しますが目立ちません。（ポーズ画面からの解除時などで呼び出しても効果的です）

その状態でメモリを綺麗にしてから、ゲーム中は「整理を行わない設定にする」ことで、肝心のキャラクターの動きなどがスパイクによってカクつくことが回避できます。ただその場合、メモリ量が溢れないように気を付ける必要はあります。

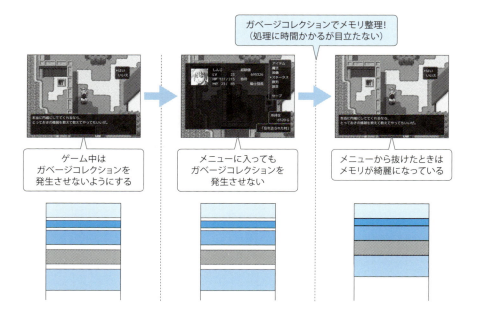

断片化対策のまとめ

ここでは3つの断片化対策を紹介しましたが、どの方法も、完全に断片化を解消するものではなく、ゲームの可能性を引き下げるものにしかすぎません。結局のところゲームが問題なく動作すればいいわけで、そのためにゲームプログラマがメモリのことを気にかけながらプログラムを組んでいくのが一番の解決方法だとも言えます。

2.12：メモリリーク

断片化に関連した話題として**メモリリーク**というものがあります。メモリリークもプログラマの頭を悩ませる問題です。実例を挙げて説明しましょう。例えばアクションゲームだと、タイトル画面を放置しておくとプレイデモが始まって、一定時間が経つとタイトル画面に戻るというものが多いでしょう。プレイデモのときは通常のゲームと同じで、プレイヤーや敵のデータを読み込んでメモリを確保します。しかしプレイデモを終える際に、例えばプレイヤーのデータだけ解放し忘れるということが起こりえます。そうすると、不必要なプレイヤーデータが残ったままの状態でタイトル画面が実行されることになります。

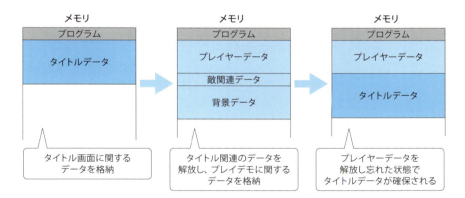

これでは、プレイデモからタイトル画面に戻るたびに、プレイヤーデータが積み重なってしまいます。やがて、タイトル画面で必要となるメモリが確保できなくなり、ゲームが停止することになるでしょう。このように、不必要なデータを残したまま処理を続けることを「メモリリークする」と言います。プレイヤーデータのような比較的大きなものであれば発覚までに長い時間はかかりませんが、小さなデータの場合、長時間経ってようやく気付くということになります。

結局、メモリリークは「解放のし忘れ」という凡ミスによって引き起こされるものだと思います。こういった問題を回避するために、プログラマは、起こりうる状況を全て想定しながらプログラムを作らなければなりません。

2.13：ストレージからの読み込みについて

ここまではメモリについて重点的に見てきましたが、ここからはストレージからの読み込みについて掘り下げていきます。

普段ゲームで遊んでいるとき、ストレージからの読み込みが度々行われることに気が付くのではないでしょうか。ストレージからデータを読み取ってメモリに移すわけですが、そこを工夫することで読み込み時間の短縮が図れます。

ストレージからの読み込み時間は、基本的にデータサイズに比例して長くなります。

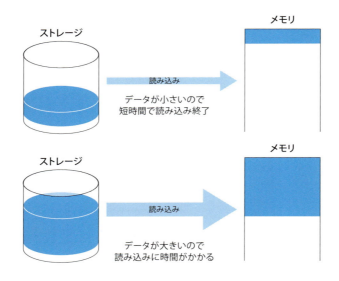

だからといって、グラフィックスデータなどのクオリティを極端に下げてサイズを小さくするのは本末転倒です。データサイズの削減や圧縮はひとまず置いておき、まずは読み込みを速くする工夫を探ります。

2.14：データをファイル1つにまとめる

データはファイルの形でストレージに格納されます。それを読み取ってメモリに格納して利用します。ファイルごとに「ファイルを開く→メモリに書き込む→ファイルを閉じる」というプロセスを経由します。

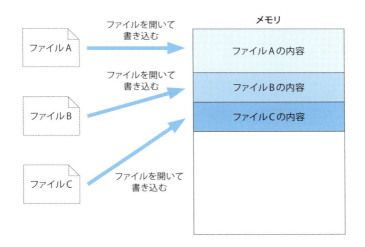

ただそうするとファイルの数に比例して「ファイルを開く」「ファイルを閉じる」というプロセスが必要になり、トータルの読み取り時間が増加してしまいます。

ですので複数のファイルを一つのファイルとしてまとめ、一気に読み取り、書き込みすることで読み取り時間を減らすことができます。

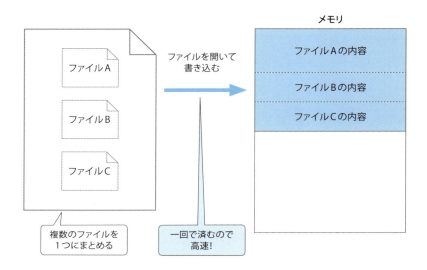

この対処方法は非常に有効ですが、欠点もあります。ストレージから読み取ったデータをメモリに配置する際にデータを細かく分けることができないので、メモリに大きな空きが必要になるのです。各カテゴリの処理でその点を考慮してプログラムを組まなければならないので、注意が必要です。

2.15：必要ならデータを重複させる

前節では読み込み速度向上のため、複数のファイルを一つのファイルとしてまとめる話をしました。ファイルの単位として、例えば3Dアクションゲームなら「ステージ1」とか「ステージ2」といったくくりになるでしょう。そして、それぞれのステージには、プレイヤー、敵、背景データなどがあるでしょう。

ここで、例えば敵については、ステージ1とステージ2で同じ敵が出てくることがあります。そのため、ステージのファイルとは別に敵データを別ファイルにすることで読み取り自体は対応できるのですが、ファイルが増えるので読み取り時間が増加してしまいます。

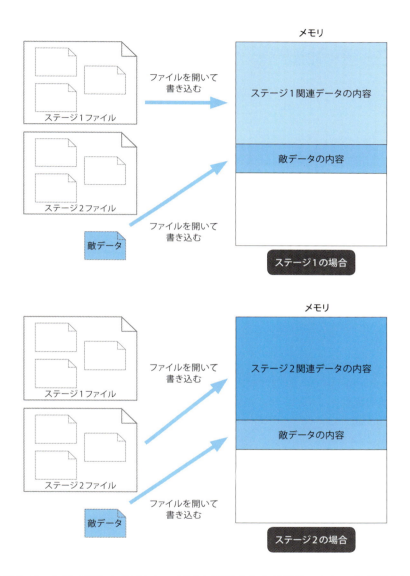

最近のゲーム機で使われるストレージは大容量のものが増え、少ない方が好ましいものの、多少増加してもそこまで問題になることは少なくなりました。その容量の多さを活かして、敢えて同じデータを複数存在させることも有効です。

次の図のように配置することでストレージの容量は割かれますが、ファイル総数は減りますので読み込み時間を短くできます。

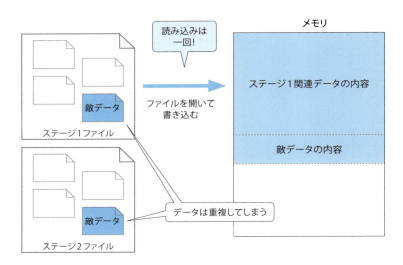

> コラム：ディスクメディアの扱い方

本書初稿時（2012年）はPlayStation 3やXbox 360といったゲーム機が隆盛で、ゲームはBD-ROMやDVD-ROMといったディスクメディアの形で提供されていました。そして本体にストレージ（ハードディスク）を搭載しているものの、ディスクから直接読み取り、メモリに展開してゲームを動かすということが一般的でした。

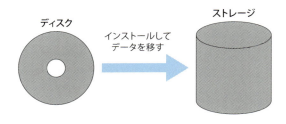

現在（2019年）ではPlayStation 3やXbox 360の後継機であるPlayStation 4やXbox Oneというゲーム機も出現し、ゲームもダウンロード販売がメジャーになっていますが店頭でもディスクメディアの形で購入するができます。

しかしその場合でも一度本体のストレージにインストールし、メモリ展開する場合もデータは原則としてストレージから読み取ります。

（ゲーム起動のためにディスクが必要ですが、データ読み取りとしては原則使われません）

こういう状況になったのは、データの読み取り速度がディスクの方が圧倒的に遅いので、ゲーム機本体側でストレージ容量を多く持てるようになった現代では、全てインストールしてしまおうという発想から来ています。

ただしディスクとストレージという違いがあれど読み込み速度を上げる工夫はそこまで変わりません。

しかしながらディスクメディア固有の工夫もありますので、本コラムではそれを取り上げます。

シークについて

円状のディスクメディアを読み取るため、ドライブにあるヘッドという読み取り装置を円盤上の任意の位置に移動させ、そこから必要なサイズ分のデータを読み取ります。

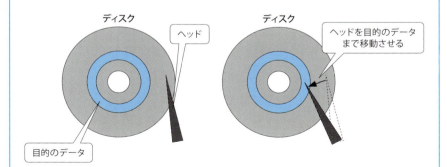

データを読み取るために行われるヘッドの移動を**シーク**と呼びます。ディスクメディアの読み取りを高速化する際はこのシークを意識する必要があります。

シークを短くする工夫

シーク時間を短くするための工夫の１つめは、各場面に必要なデータを、ディスク上にバラバラに配置しないことです。例えば、ディスク上に次のようにデータが配置されているとします。

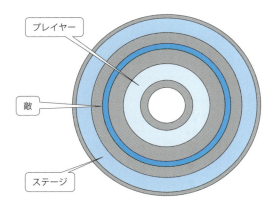

これをディスクの内周から順に読み出すことを考えます。この場合、最も内側のデータを読み込んだ後に、中ほどのデータの先頭までシークが行われます。当然、シークに時間がかかります。

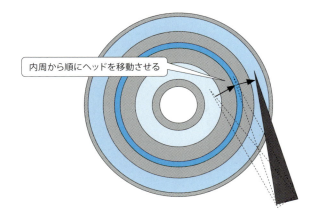

データを読み込む順序も重要です。内周から順ではなく、バラバラの順序で読み込むことにしたらどうでしょうか。

2.15：必要ならデータを重複させる　　**41**

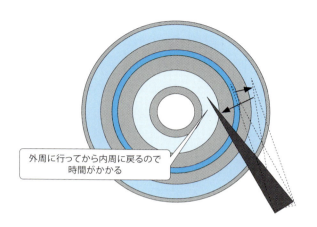

外周に行ってから内周に戻るので
時間がかかる

この図では、最初にディスク中ほどのデータを読み込み、次に外周のデータにシークします。そして最後に内周のデータを読み込みます。データとデータの間にブランク（空白）があるのでその分の移動量もありますが、最後の外周から内周への移動に特に時間がかかります。

このように、データがバラバラに配置されている場合、ヘッドの移動量が多くなります。そのため、ゲームの場面におけるデータ読み込みの状況を考慮しながら、ディスク上にデータをまとめて配置することが重要になります。

ディスク

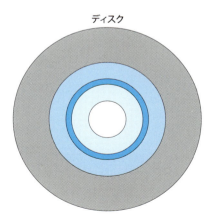

> このように配置することで、データ間の物理的な距離が縮まったのが分かるかと思います。これならシーク時間を抑えることができ、読み込みの時間を短縮できます。
>
> このようにディスクメディアでは読み取るための物理的時間も考慮に入れる必要があり、読み取り時間を早くするにはデータ配置にもこだわる必要がありました。
>
> これがハードディスクなどのストレージでは配置による物理的時間の差異も少なく、気にする機会が減り、その点では気楽にプログラムが組めるようになりました。

2.16：データの圧縮

ここまでは複数個のデータの配置の仕方に重点を置いてきましたが、1つのデータについてのみ考えてみましょう。ご想像のとおり、やはりデータのサイズが大きいとその分、読み込みに時間がかかります。

そこで、データを**圧縮**してサイズを小さくしておきます。データの種類にもよりますが、中には、同じバイト情報が1000個以上も並ぶような単純なものがあります。こういったデータは圧縮が効きやすく、サイズが10分の1ほどになったりもします。

サイズが小さくなると読み込み時間が短くなるので圧縮は非常に有効です。また、ストレージの容量も圧迫しなくなるので、より多くのデータを詰め込むことが可能になります。

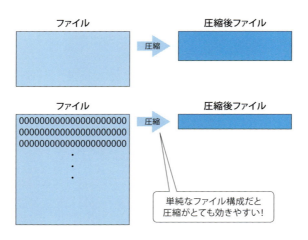

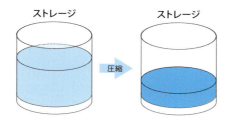

2.17：圧縮データの展開

ただし、圧縮したデータはそのままの状態では使えません。圧縮したデータを復元する作業が必要になり、この復元作業を**展開**と言います。

圧縮方法にもよりますが、展開には別途メモリの確保が必要になってきます。そして多くの場合、圧縮前の元のデータサイズと同じだけのサイズのメモリを確保しなければなりません。

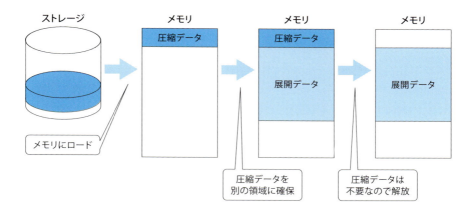

このように、一時的には元のデータサイズよりも多くメモリを消費する可能性があります。さらに展開処理にはそれなりの時間がかかってしまうので、その点でデメリットになることもあります。

最近ではゲームエンジンでファイルを一つにまとめる際に圧縮も掛けるなども行うことがありますが、その裏ではこのような動作プロセスを経ているということを認識すると良いでしょう。

コラム：ROMカートリッジの圧縮

データを圧縮しても、それを使おうと思うと展開用に別にメモリを確保しなければならないので面倒だ、という話をしました。圧縮というのはたしかに、容量の削減という意味では大きな効果を発揮しますが、最近ではディスクメディアやストレージの容量が大きくなったこともあり、あまり積極的には行われません。

ただし、それは最近の状況です。ファミコンなどのROMカートリッジの時代には、積極的に行われていました（そうせざるをえないという側面もありましたが……）。

ここで、「昔のゲーム機ならなおさら、作業用のメモリを確保するのが厳しいのでは？」という疑問が湧いてくるかもしれませんが、実際はそうではありませんでした。ROMの場合はディスクメディアやストレージと異なり、メモリに一時的にロードするという作業が不要です。ROMはメモリと同様に扱うことができ、直接参照することが可能だからです（ただし、読み取るだけで書き込みはできません）。

ですので、ROMに圧縮データが置かれていれば、それを読み取りながら直接、メモリに展開できます。これにより、作業用メモリを利用せずに展開することができました。ROMカートリッジを扱うゲーム機のゲーム開発に実際に参加したことがありますが、そのときは9割方のデータを圧縮して、無理やり詰め込んでいました。

話は変わりますが、もっと積極的な圧縮方法があります。技術以前の話ですが、実際に使われていた実践的な手法です。その手法とは、「使わないデータは入れない」というものです。そう言われても「当たり前じゃないか」と思われるだけかもしれませんが、想像以上に極端なことまでやっていました。

例えば、昔のゲームの中には、ひらがなだけでメッセージを表示するものがあったかと思います。カタカナ表記がないせいで、ときどき、不自然なメッセージになってしまうことがありました。これなんかは、カタカナの文字データを入れるのがデータサイズの観点から見てもったいない、という大胆な発想からきています。

某有名RPGでは、カタカナを全て削るとまではいかないものの、特定の文字を数種類使わないようにして容量を稼いだそうです。そのためにアイテム名を変更したこともあったのだとか。そこまでして削る必要があったのですね。

2.18：裏読み

ここまでは、個々のデータの配置やデータサイズの観点から読み込み時間の短縮を図ることについて考えてきました。これらの方法で読み込み時間は短くなりますが、読み込み時間がゼロになるわけではありません。

先にも述べましたが、ゲームに必要なデータをゲーム冒頭で全てメモリに詰め込んでおけば、その先、読み込みは必要になりません。しかしそうすると、メモリサイズの関係から個々のデータの濃度が低くなり、ユーザーが満足できるものではなくなってしまいます。

ただ、この考え方を部分的に取り入れることが非常に有効な場合があります。ここでは、その考え方を活かした**裏読み**について説明します。

例えば、たいていの 3D アクションゲームは、ステージを細かいエリアに分割して、エリア単位でゲームを進行させていきます。その際、プレイヤーや敵、HP 表示などのデータはそのまま保持して、背景のデータだけを差し替える必要が出てきます。

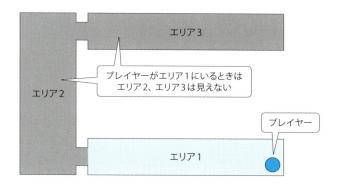

この図の場合、プレイヤーはエリア１からエリア２に進むわけですが、エリア１をプレイしている最中にエリア２の背景データを読み込んでおく、ということが可能です。これを「裏読み」と言います。裏読みを行うにはメモリの使い方に注意する必要があります。具体的に言うと、背景データが入る領域を２つ分用意しておき、一方に現在のデータを入れて使用します。そしてもう一方に、次のエリアの背景データを読み込んで入れていきます。

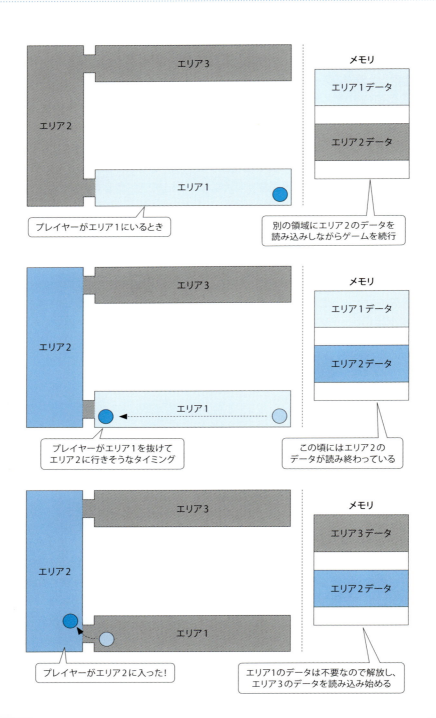

ユーザーはエリア 1 を普通に楽しみますが、その裏でエリア 2 のデータを読み込んでいきます。こうすればユーザーは、エリア 1 からエリア 2 に移動した際に読み込み時間を感じることがなくなります。

ただしこの手法にも欠点があります。今回の例だと、背景データ 2 つ分のメモリを確保する必要があるので、その分、データの濃度が低くなってしまいます。データの濃度とメモリの使用量とのバランスを考える上では、実際にデータを作成してくれるデザイナーの協力が必須になります。

もうひとつの難点は、ユーザーがエリア 1 を高速に終了させたときには、やはり待ち時間が必要になってしまうことです。ただしこれは、ゲームバランスの調整で解消させることが十分に可能です。

2.19：まとめ

本章では、メモリの使い方とストレージの読み込みの話をしました。最近は大容量のメモリを搭載したゲーム機が増えてきており、ゲームの種類によっては気にしなくてもいいレベルにまでなっていますが、メモリリークなどの不具合で開発の終盤まで悩まされるのが、このメモリの扱いです。メモリにデータが載らない状況に陥ったら、そのゲームは製品化できません。ですので、最初の設計というものが非常に重要になってきます。最初から完璧に見通すことは困難ですが、どんなゲームを作っていくのかよく考えなければなりません。たとえゲーム機の仕様が変わったとしても、それに合わせて柔軟に変更できる仕組みを作るのもプログラマの仕事です。

さらに、メモリにデータをただ載せればいいというわけではありません。ユーザーに快適に遊んでもらう工夫も必要になってきます。データを常駐させるのか否か、するとしたらどのデータを常駐させるのか、あるいは裏読みを実装するのか否か、こういったこともプログラマは考えなければなりません。苦労は絶えませんが、これらが全て思いどおりに動作したときの爽快感はひとしおです。

メモリ周りの工夫はなかなか表には出てきませんが、プログラマの腕の見せ所だと言えます。

Chapter 3
CPUとGPU

ゲーム機の各部品がきちんと揃っていて、それらがいかに優れていても、指示を与えるものがなければ全く動きません。指示を与えるのは、CPUやGPUといった部品の仕事です。

本章では、司令塔にあたるCPUやGPUがどのように機能するのか、詳しく見ていきます。

3.1：CPUとは

前章で見たように、メモリがゲームに関連するデータの置き場所ということになりますが、**CPU**はそれらのデータをどう扱うかということを担当します。また、コントローラーなど、他の機器を制御するのもCPUの仕事です。次の図に示すように、CPUはゲーム機の核となっています。

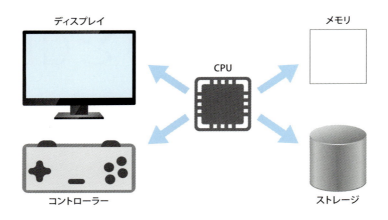

このように、ゲーム機はCPUを中心として機能します。CPUは心臓のような働きを担っているとも言えるでしょう。

3.2：プログラムとCPU

CPUは心臓であると言いましたが、勝手に動いているわけではありません。機能させるには指示を与える必要があります。その指示に相当するのが**プログラム**です。

プログラムは、ゲーム起動時にメモリに配置されます。その後、CPUはメモリ上のプログラムの位置を確認し、プログラムの内容を参照します。そして、そのプログラムの指示に従って動作をします。

以後、CPUはプログラムの内容を参照し続け、基本的にゲームが終了するまで動作します。

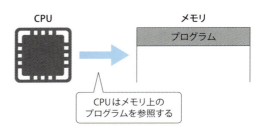

3.3：メモリ上のプログラム

ここでは、メモリ上のプログラムについて掘り下げてお話しします。3Dアクションゲームを例として取り上げますが、まずはゲームを構成する処理について考えてみましょう。

処理には例えば、「プレイヤーの移動」「プレイヤーの攻撃」といった「プレイヤー関連の処理」があります。プレイヤーがあれば「敵の移動」「敵の攻撃」といった「敵関連の処理」もあります。あとはプレイヤー、敵、背景等の「表示関連の処理」、音楽、効果音等の「サウンド関連の処理」というものもあるでしょう。

それらの処理を順に呼び出していき、一通り終わったら最初からもう一度処理を行います。この繰り返しの流れのことを**ループ**と呼びます。ここで説明しているようなメインとなる処理のループは、特に**メインループ**と呼ばれます。

メインループを中心として、そこから個々の処理を呼び出していくというのが、ゲームの基本的な構造となります。例えば、メインループから「プレイヤー関連」の処理を呼び出し、そこからさらに「プレイヤーの移動」「プレイヤーの攻撃」といった処理が呼び出されます。

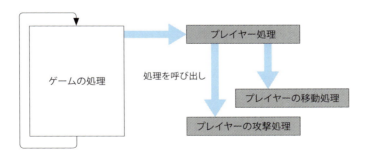

敵の場合はプレイヤーと違って複数存在しますので、「敵関連の処理」を呼び出した後、ステージに存在する敵の数だけループして処理を行います。

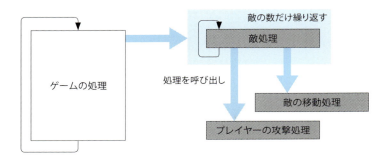

このようにループから処理を呼び出していくのが基本ですが、右の図のように直線的な構造にすることも可能です。

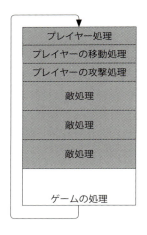

しかし昨今のゲームは複数人のプログラマによって開発されることが多いので、呼び出し先の処理を個別に作り、それらが呼び出されるという形にしたほうが簡単です。 仮に一人でプログラムを書いている場合であっても、呼び出し先の処理を細かく作っておけば、他の部分でも流用できて便利です。また、メモリの使用量も抑えられますし、不具合が生じた場合にも問題箇所を特定しやすくなります。 個別の処理を呼び出す形にしたほうが、総合的に見て有利だと言えます。

流用できる具体的な例を見てみましょう。 プレイヤーと敵は地面に沿って移動を行い、出会った際にはお互いが相手を攻撃できるものとします。 攻撃をした際、その攻撃が相手に当たったかどうかを判定しなければなりません。 この判定を**ヒットチェック**（もしくは**当たり判定**）と言いますが、ヒットチェックの処理をプレイヤー用、敵用と別々に作る必要はありません。１つだけ作っておいて、プレイヤー処理と敵処理の双方からそれを呼び出せばいいのです。 このように無駄を省くことができます。

3.3：メモリ上のプログラム　　53

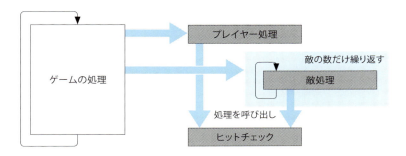

コラム：オーバーレイ

プログラムがメモリに置かれて動作するという話をしました。また、前の章でメモリの話をしましたが、メモリは有限の資産です。そのため、プログラムを作っていく上でメモリが足りないということになれば、グラフィックスデータだけではなく、プログラム自体も削減の対象となりえます。ここで紹介するのは**オーバーレイ**と呼ばれる手法で、プログラムを削減するためのものです。

ゲームには、例えばタイトル画面とエンディングがありますが、その2つで使われる処理が同時に実行されることはまずありません。次の図のように、両方のプログラムをメモリに置いておくのは無駄だと言えます。

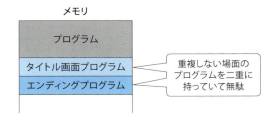

そこで、タイトル画面に入るときにはタイトル画面特有の処理を行うプログラムをストレージから読み込んでメモリに置きます。ゲームが進みエンディングに入ったときには、タイトル画面プログラムが入っていたところにエンディング特有の処理を行うプログラムを上書きします。こうすることで、タイトル画面とエンディングの両方の処理によって占有されていたメモリ領域を少しだけ空けることができます。

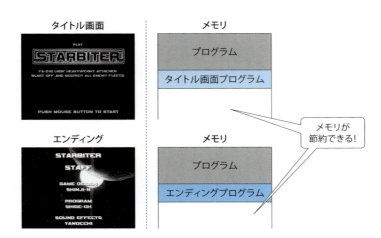

この方法でメモリは節約できますが、注意しなければならない点もあります。ひとつは、グラフィックスデータなどに比べてプログラムのサイズは小さいという点です。そのため、大幅な節約にはなかなかつながりません。もうひとつは、オーバーレイを行うとデバッグがしづらくなったり不具合の元になったりするという点です。例えば次の図のように、必要なプログラムがメモリ内に存在しない、といった事態に陥ることが考えられます。こういったことから、オーバーレイはよほどのことがない限り採用されません。

3.4：メインループの最初と最後

ここでは、メインループで真っ先に行いたい処理について考えます。結論から言えば、コントローラーからの入力を真っ先に確認しにいきます。入力の情報によって、後の処理が大きく変わる可能性が高いからです。

コントローラー処理をメインループの途中で行う

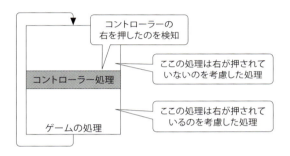

コントローラー処理をメインループの先頭で行う

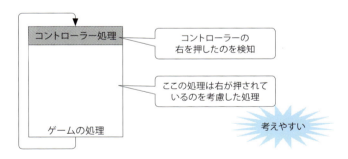

その後のプレイヤーや敵などの処理にかかる時間は、状況に応じて大きく変動していきます。例えば、敵が10体存在しているときは、1体だけのときよりも処理時間が大幅に増えることが容易に想像できるかと思います。こういった事情から、コントローラー処理に再び順番が回ってくるタイミングは状況によって変わってきます。

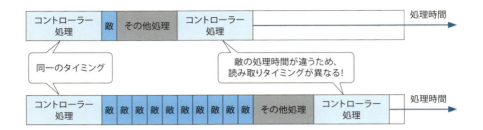

コントローラーの情報を取得するタイミングが異なると、ユーザーの操作感が損なわれ、面白いゲームにならなくなってしまいます。画面上のプレイヤーや敵の移動量もバラバラになってしまいますし、タイム表示のカウントダウンもくるってきます。

例えば、プレイヤー処理においてプレイヤーが右に 50、動くものとしましょう。毎回同じことをすれば等速で右に動くだろうと想定しているわけですが、実際は、次の図の下側のようになります。

つまり、プレイヤー処理が呼び出されるタイミングは一定ではないのです。そのため、等速で動かしているつもりでも、画面に表示されるのはぎこちない動きで移動するプレイヤーです。

この問題は、メインループの最後に「ある処理」を入れることで解決できます。ある処理とは、「一定時間待つ」というものです。詳しくは次節で説明しますが、1/60秒周期で特定の信号が発生されます。この信号を待つのです。ですから、「一定時間待つ」というのは、正確には「特定の信号を待つ」ということになります。いずれにせよ、この「待つ」ということを考慮して先ほどの処理をやり直すと、次のようになります。

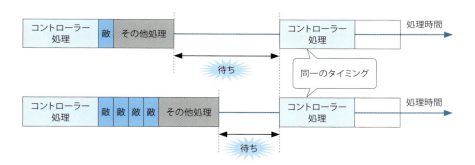

こうすることで無駄な待ち時間は発生してしまいますが、コントローラーの入力も一定間隔で取得できますし、プレイヤーも等速で動くようになります。

3.5：垂直同期とフレーム

前節では、メインループの最後で「特定の信号を待つ」という話をしましたが、この信号のことを**垂直同期**（vertical sync）と呼び、基本的に**1/60秒**のタイミングでディスプレイから発生されます。ここでは、この垂直同期について見ていきます。

ディスプレイに何らかの映像が表示される際には、画面の上のほうから徐々に表示が切り替えられていきます。その切り替えラインが画面の最下端に達したタイミングが、垂直同期の開始点となります。ここが、メインループの先頭として最も最適なタイミングです。

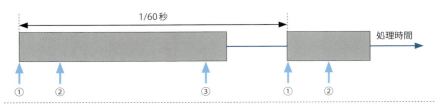

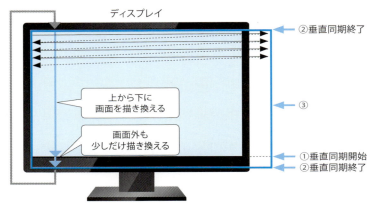

①が垂直同期のタイミングです。「1/60 秒」というのは、いったん①に達してから、再び①に達するまでの時間です。

この①の瞬間には、ディスプレイは画面最下端を描き換えています。描き終えたら描き換えの位置を最上端に持っていきたいところですが、実際は、画面最下端のさらに下まで描き換えようとします。つまり、図中の②まで描き換え処理は続きます。この①から②の期間を**垂直同期期間**と言い、ゲーム画面を綺麗に切り替えるために非常に重要なものとなります。

このように、垂直同期に基づく 1/60 秒という時間を基本単位として、ゲームの処理ループは回ります。この基本単位のことを**フレーム**と呼びます。上の図では、1 フレームの処理を 1/60 秒以内で全て終え、無事に信号を待てていますが、もし処理が 1/60 秒を超えてしまったらどうなるでしょうか？ そのときは次のようになります。

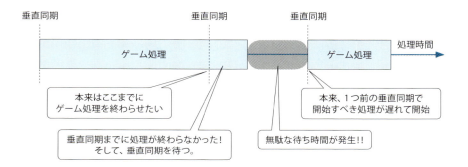

フレームが1/60秒を超えると、そこから次の垂直同期を待とうとします。そのため、そのフレームだけ1/30秒を費やすことになります。本来、1/60秒を想定して作っている処理に倍の時間がかかるということです。こういった遅延が連続すると、体感できるほどそのゲームは遅くなってしまいます。

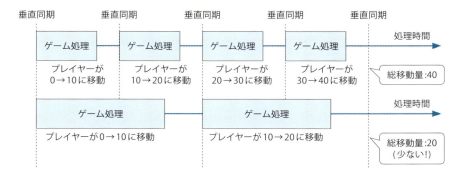

この図は、ゲーム処理ごとにプレイヤーが10の距離だけ移動する例を示しています。垂直同期までにゲーム処理が終わっているときは、最終的に40の距離を移動できます。一方、垂直同期を超えてしまっているときは、最終移動量が20にまで落ち込んでいます。プレイヤーが費やす時間は同じでも、移動量は半分になるということです。これでは、遅いゲームだと感じられてしまいます。

このような状態のことを**処理落ち**と言います。アクションゲームやシューティングゲームなどで、敵や弾がたくさん表示されたときなどに表示がスローになったように感じられることがありますが、これが処理落ちです。処理落ちが続くと、ゲームとしての品質が著しく低下します。

3.6：30fpsの選択

ここまでは1フレームの基本単位を1/60秒として話を進めてきました。この1/60秒というのはとても短い時間で、この単位でゲームを動かすとキャラクターの移動などがとても滑らかなものとなります。

しかし、ゲームによってはそこまでの細かい動きは必要なく、それよりも「もっと多く敵を出したい！」というニーズのものも当然あります。ただし、敵や弾をたくさん表示すると処理落ちとなる可能性が高まり、そうなるとゲームとしての快適さが損なわれます。そこで、1フレームあたりの時間を長くします。1/60秒で回していたときは毎回、垂直同期を待っていましたが、これを2回に1回だけ待つようにしてみましょう。

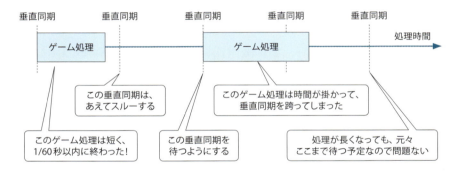

こうすることで1フレームの処理時間が長くなり、処理落ちの可能性は低くなります。倍の1/30秒なので、かなりゆとりをもって処理が行えます。ただしこのようにする場合は、1回の処理が1/30秒であることを想定してプログラムを作らなければなりません。当然、動きの細かさは減っていきます。

次のページの図のように、動きの滑らかさが損なわれます。1フレームの時間を短くして滑らかさをとるのか、それとも長くして処理量をとるのか、この両者の間にはトレードオフがありますが、このあたりはゲームの特性を見極めて、早めに設計していく必要があります。

3.6：30fpsの選択　　**61**

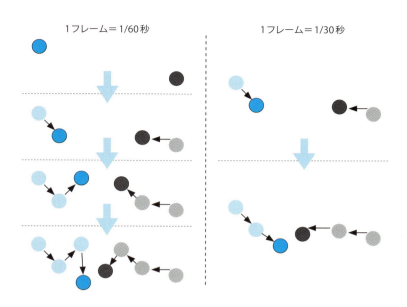

1フレームあたりの時間をどれだけにするかという「フレームの精度」は、ゲーム開発においてとても重要な部分です。この「フレームの精度」を表す単位としては、fpsを使います。「frame per second」の略で、「1秒あたりのフレーム数」という意味です。1/60秒で回すときは、1秒あたり60フレームとなるなので「60fps」です。1/30秒で回すときは、1秒あたり30フレームとなるので「30fps」です。

単位時間（普通は1秒）あたりのフレーム数を、**フレームレート**と言います。フレームレートは、ゲームの途中で変更することもできます。例えば、処理の軽そうなタイトル画面などは60fpsとし、実際のゲーム画面は30fpsとする、といった使い分けが可能です。しかしそのためには、フレームレートの変更を考慮したプログラムを組まなければなりません。そのため、場面の種類を問わず終始30fpsで通す、という選択をするゲームも少なくありません。

60fpsを諦めて30fpsを選択しているゲームというのは、案外多く見受けられます。30fpsでも十分にゲームをプレイすることができると判断されるものが多いからです。30fpsというのは垂直同期を2回に1回待つという仕組みですが、これを3回に1回待つようにすると20fpsになります。20fpsになるとさすがに動きのアラがひどいので、採用されることはほぼないと言っていいでしょう。

一方、60fpsが求められるゲームジャンルもあります。例えば格闘ゲームは、相手の動きを見切って行動するという要素が求められるので、ほとんどの場合、60fpsが必須となります。

3.7：デルタタイムを考慮

ここまでは60fpsか30fpsかの選択の話でしたが、できることならやはり60fpsで動かしたいと思うのが自然です。

追加で紹介するのは**デルタタイム**（Delta Time）を利用する方法です。

これは前回のフレームを処理するのにかかった時間を利用する手法です。

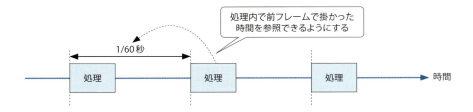

例えば60fps時に1フレームで「5」動くキャラクターで考えます。

とあるフレームが1/60秒で収まったときの次のフレームは移動量は「5」のまま処理し、別のフレームで処理落ち、例えば30fpsのときは、次のフレームの移動量を「10」として処理します。

これは本来、時間的に2フレーム分に相当するので、倍の量を動かしているという理屈です。

「デルタタイム（Delta Time）」というのは「差分の時間」という意味です。

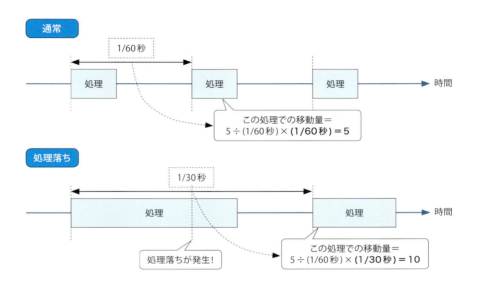

基本 60fps で動かせて、処理落ちしても目立たないので一見非常に良い手法に見えますが、デルタタイムを考慮したプログラムを作成する必要がありますし、下図の様に処理落ち時で移動量が大きいときだけゲームが成立しない瞬間が出てしまうなどがあるので、しっかりとしたプログラムを組む必要があります。

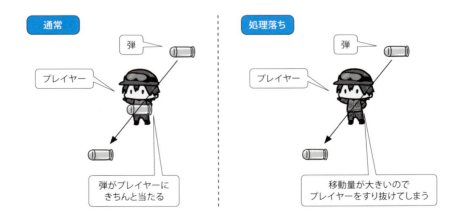

この手法は昔から存在するものの、特にゲームエンジンを使うようになってからメジャーになった感があります。プログラミングする上では慣れておいた方が良い手法であると言えます。

コラム：90fps、120fps、FreeSync

本書では60fpsをベースに話を進めています。これは今まで説明した通り、ディスプレイ（テレビ）側の垂直同期が1/60秒周期で発せられることから1秒＝60フレームという形になっています。

PlayStation 3やXbox 360の頃はディスプレイがハイビジョン方式なので基本的に信号が1/60秒周期で来るようになっていたのですが、その前では欧州でのテレビはPALという方式が一般的で、垂直同期も1/50秒の周期で来るので50fpsという変わったフレームレートになっていました。一昔前は欧州向けに対応する際はこれも考慮する必要がありましたが、最近では（ゲーム開発という面では）メジャーな形式ではなくなりましたので、対応することはほぼ無いはずです。

その代わり、というわけではないのですが、最近になりVRが流行ってきました。VRはHMD（ヘッドマウントディスプレイ）にディスプレイが搭載されていて、60fpsの他に90fps、120fps対応が可能です。

VRのコンテンツで重要視されるのが行動に対する応答速度で、滑らかな挙動が求められます。fpsが高ければ滑らかになるのは分かると思いますが、VRでは60fpsはギリギリのラインで、90fps、120fpsになっているのが非常に好まれます（そして処理落ちも非常に好まれません）。

ただ例えば120fpsだと1フレーム＝1/120秒で、CPU、GPUの処理できる時間が60fpsのそれに比べると半分になります。その時間でコンテンツの処理を入れ、GPUで絵を描くということを考えると非常に難易度が高いことが分かります。落としどころで90fpsでというのもありますが、どちらにせよVRコンテンツではこの点を念頭に入れておく必要があります。

VRではないのですが、**FreeSync**という技術も出てきました。これは可変フレームレート技術の一つで、1/60秒のタイミングでの画面更新ではなく、そのタイミングが可変にできるというものです。GPUとディスプレイが対応している必要はあります。

これにより1/60秒未満で処理が終わる場合にFPSをできるだけ上げられますし、処理落ちした場合も30fpsまでも落ち込むことも少なくなるので効果的で面白い技術です。ですがゲームによっては決まった時間間隔で定期的に処理を回したいものなどもあるので、事前設計は必要にはなるでしょう。

3.8：GPU

ゲームは、プレイヤーや敵を動かすことを中心として成り立っています。プログラマの観点から見れば、画面上でプレイヤーや敵を動かさなければならないということです。ゲームの状況に応じてプレイヤーや敵の絵を描き、それを画面に表示しなければなりません。この「絵を描く」処理は、これまで説明してきたCPUではなく、**GPU**（Graphics Processing Unit、画像処理装置）によって行われます。

GPUがゲームの絵を描く　　描いた絵をディスプレイに表示

GPUは、「絵を描け」というCPUからの命令によって描画を始めます。CPUがメモリ上のプログラムを参照してゲーム処理を行うのと同様に、GPUもメモリを参照して描画を進めます。ただし、GPUが参照するのはプログラムではありません。どのように絵を描くかが記された設計書のようなものを参照して描いていきます。

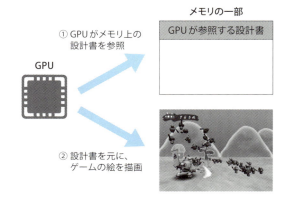

① GPUがメモリ上の設計書を参照
② 設計書を元に、ゲームの絵を描画
メモリの一部
GPUが参照する設計書

この「設計書のようなもの」には、**描画コマンド**と呼ばれるものが連続して積まれています。描画コマンドには、例えば「○○のあたりにポリゴンを描け」「描画を終了せよ」といったものがあります。これらの描画コマンドは、CPUによってメモリに積まれます。

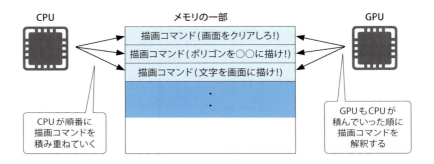

先ほどから「絵を描く」と言っていますが、GPUはどこに、絵を描くのでしょうか？ディスプレイではありません。メモリの任意の場所に絵を描くための領域を確保して、そこに描き込んでいるのです。描き込まれたらCPUは、「どこそこのメモリの内容をディスプレイに表示せよ」という指示を出して、実際にディスプレイに表示させます。このGPUが絵を描くメモリ領域のことを、**フレームバッファ**と呼びます。

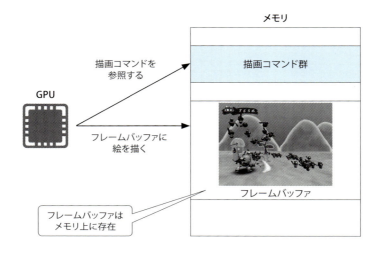

GPUは、CPUが処理しているのと並列して処理を行えます。つまり、CPUがプレイヤーを動かす等のゲーム処理をしている裏で、GPUは絵を描くことができます。

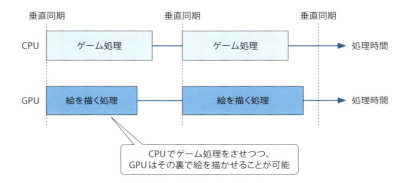

GPUはフレームごとに描画コマンドを参照します。60fpsなら1秒間に60枚の絵を、30fpsなら1秒間に30枚の絵を描画していきます。

3.9：ダブルバッファ

絵の描き先であるフレームバッファは1枚あれば十分でしょうか？　答えはNOです。

1枚だけのときについて考えてみましょう。CPUによって「このフレームバッファをディスプレイに表示せよ」という命令が発せられ、指定されたフレームバッファがディスプレイに表示されます。この表示処理を行っている最中にGPUがフレームバッファを描き換えると、画面の下半分が別の絵になってしまう可能性があります。

ディスプレイは、垂直同期の1回の期間に画面の左上から右下に向かって表示（描画）を行います。一方、1つのフレームは、垂直同期の1回の期間内で処理を行います。

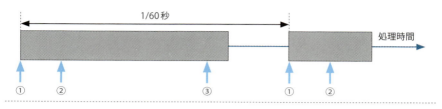

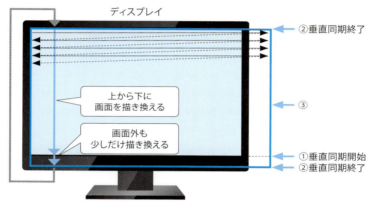

そのため、表示処理の途中でフレームバッファが描き換わると、垂直同期の途中であるにもかかわらず、画面への表示内容が変わってしまうのです。例えば「A」という文字を画面に表示している途中でフレームバッファが「B」という文字に描き換えられると、画面の下方には「B」の下部が表示されてしまいます。

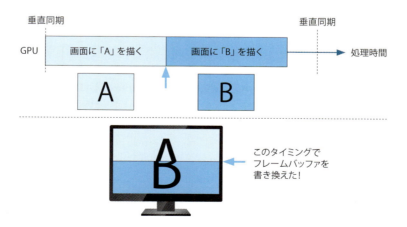

このように1枚のフレームバッファでは無理があるので、2枚持たせて処理を進めるのが普通です。2枚のフレームバッファを持つことをダブルバッファと言います。あらかじめメモリ上にフレームバッファを2枚用意しておき、それぞれフレームバッファ1、フレームバッファ2とします。

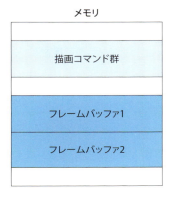

表示処理の基本的な流れは次のステップの繰り返しとなります。

1. フレームバッファ1をディスプレイに表示している間に、GPUがフレームバッファ2に絵を描く。
2. 垂直同期を待つ。
3. フレームバッファ2をディスプレイに表示している間に、GPUがフレームバッファ1に絵を描く。

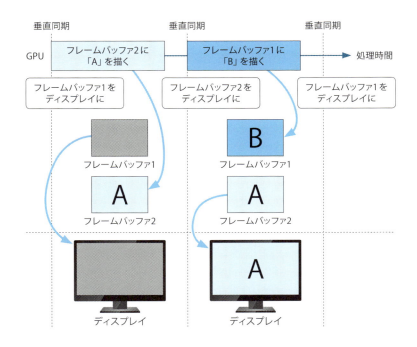

垂直同期のタイミングで表示するフレームバッファを切り替えるというのがポイントです。垂直同期が来てしばらくは画面外を描き換えている期間なので、ここでフレームバッファを切り替えても、先ほどのように画面の途中から別の絵が描かれるようなことはありません。

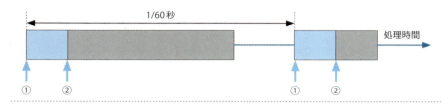

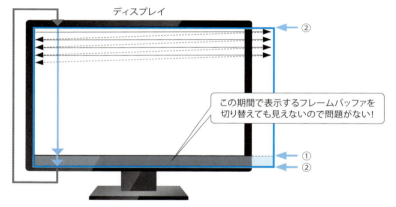

ダブルバッファを使ってこのように処理を行えば表示中の画面が崩れることなく、綺麗に画面の切り替えが行えます。フレームバッファを2枚持つのでそれなりにメモリを消費しますが、これが一般的な手法です。

3.10：GPUに関連する処理フロー

GPUは絵を描くためのもので、CPUと並列して動作させられるという話をしました。さらに垂直同期も考慮して、GPUに関連する処理をどのように進めるべきかを考えてみましょう。

CPUのフロー

メインループの先頭から考えていきます。3.4 節で、「メインループで真っ先に行いたい処理はコントローラー情報の取得だ」ということを説明しました。しかしメインループの先頭は垂直同期の直後なので、ディスプレイに表示させるフレームバッファをここで選択するのが最初の処理として最適です。そして、それが終わった後に、コントローラー情報の取得処理を入れるのが良さそうです。

次に何をさせるかですが、GPU に描画させるわけにはいきません。ゲームの情報、つまりカメラがどこを写しているか、プレイヤーがどこにいてどのような姿勢をとっているか、敵が何体いるかなどが、この時点では明確になっていないことが多いからです。なのでコントローラー情報を取得した後には、ゲーム処理を行わせます。

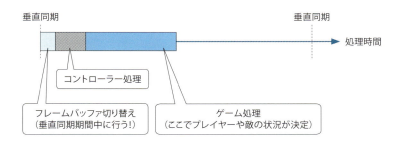

ゲーム処理を一通り終えたところで、その結果を GPU に描画させるための描画コマンドをメモリに積んでいきます。描画コマンドは、メモリ内のゲーム情報（例えばプレイヤーの姿勢など）を参照しながら作成します。描画コマンドを積み終えたら、垂直同期を待って、1 フレームにおけるメインループの処理を終了します。

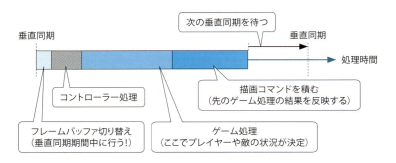

CPUとGPUのフロー

これでひとまず、CPUの処理について見直すことができましたが、さらに、GPUに描画させることを含めて考えてみましょう。

CPUがGPUに、描画コマンドを参照させて描画を実際に行わせることを、**描画キック**と言います。まずは、描画コマンドを積んですぐに描画キックすることを考えてみましょう。

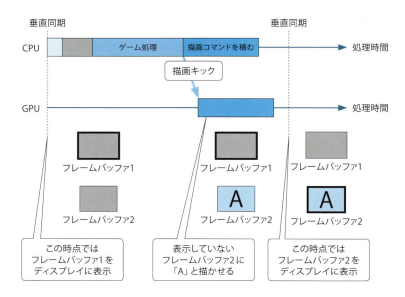

この図では、最初のフレームで「A」という文字を描くための描画コマンドを積み、そしてすぐに描画キックしています。そのためGPUは即座にフレームバッファに「A」を描き込み、直後の垂直同期で表示させています。ディスプレイには、早くも次のフレームで「A」と表示され、ユーザーに素早い反応だという印象を与えることができます。

ただし、ディスプレイに綺麗に表示させるためには、フレームバッファへの描き込みがきちんと終わるのを待たなければなりません。そうしないと、意図通りでない絵が表示される可能性が極めて高いからです。

今度は、次の図のように、描画処理そのものに時間がかかってしまった場合を考えます。

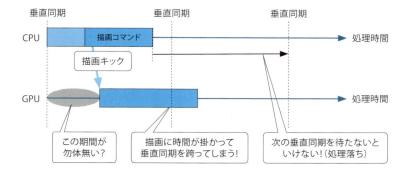

描画コマンドを積むと同時に描画キックも行っているので、GPUの描画処理がフレームの途中から始まってしまい、描画処理が終了する前に垂直同期に達しています。結果として処理落ちとなってしまいました。プレイヤーを動かす等のゲーム処理が短時間で済めば処理落ちの可能性は減りますが、それでもやはり、描画処理によって処理落ちしてしまう可能性は残ります。

ここで、上の図をもう一度見てください。GPU側のフレームの最初のほうが空いていて無駄になっているのが分かります。「フレームの先頭から描画処理を行わせたら効果的なんじゃないか？」と想像できます。

先述したように、GPUはCPUと並列して処理を行えます。そこで、最初のフレームでは描画コマンドを積むだけにしておきます。そして次のフレームの先頭で、前フレームの描画コマンドに対して描画キックを行います。

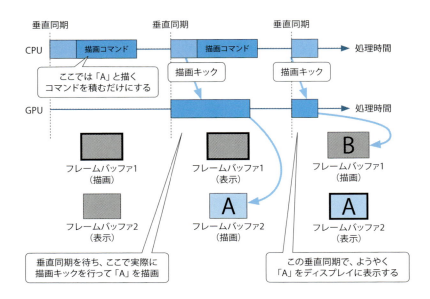

これで、フレームの先頭からGPUに処理をさせることが可能になります。時間を効率的に使えるようになり、処理落ちの可能性をグッと減らせます。ただし、懸念がないわけではありません。処理の流れを整理してみましょう。

1. 最初のフレームでは描画コマンドを積むだけ
2. 次のフレームで描画
3. その次のフレームでようやく表示

つまり、描画キックを即座に行っていたときよりも表示のタイミングが1フレーム遅れます。それでも1フレームというのは60fpsでは1/60秒であり、これは体感として極めて短い時間です。1フレームの遅れがゲームプレイに支障をきたすことはあまりありません。そのため、この手法が一般的に用いられています。

3.11：スレッド

PlayStation 2世代ぐらいまでのCPUは、一度に1つのことしかできませんでした。何らかの処理をしながら別の処理をする、というわけにはいきません。しかし、ゲーム中に別の処理を割り込ませたい場合があります。例えばゲーム処理とは別にサウンド処理を行いたい場合などです。

サウンド処理は、ゲーム処理のプログラムを作るのとは別の部署（サウンド専門の部署）で作ることが多いのですが、そうすると、サウンド部門が独立したサウンドプログラムを作り、それをゲームに簡単に組み込めるというのが一番好ましい形になります。 このような形態であれば、ゲームを作るプログラマはサウンド処理を簡単にゲームに組み込むことができます。 また、1つのサウンド処理を別のゲームに流用できる可能性も高まります。

このような形態を実現する上で重要になるのが、他の処理を割り込ませるというCPUの機構です。

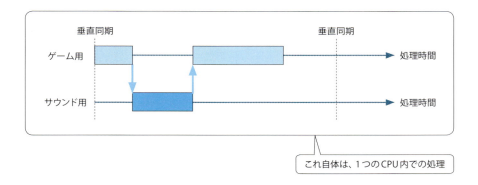

これまでに見てきた例では1本だった処理の道が、この図では2本になっています。この処理の道を**スレッド**（thread）と呼びます。 図には、ゲームのメイン処理のスレッドと、サウンド処理のスレッドとの2本が描かれています。

個々のスレッドには優先度が設定でき、図ではサウンド処理のほうが高くなっています。 ゲーム処理のスレッドをメインに動かし、要請があったときにサウンド処理のスレッドが割り込みで走ります。 サウンド処理のスレッドのほうが優先度が高いため、割り込みが入ったらゲーム処理は一時的に休んで、サウンド処理のスレッドを優先させなければなりません。サウンド処理が一段落したら「もう処理しません」ということを明示して、ゲーム処理のスレッドに制御を戻します。

処理の道は2本でも、CPUは、2本を同時に実行できるわけではありません。 つまり、サウンド処理のスレッドが実行されているとき、ゲーム処理は実行されません。ですので、1つのスレッドでゲーム処理とサウンド処理を行っても同じことのように

思えるのですが、重要な違いがあります。ゲーム処理にサウンド処理を組み込むことを考えた場合、スレッドを用いたほうが綺麗な形で組み込めるのです。

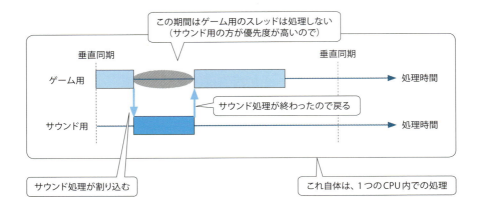

3.12：マルチコア

CPUの内部には、実際に処理を行う**コア**（core）と呼ばれる部分があります（実は前節の話は、コアが1つだけ備わっているCPUが前提となっています）。

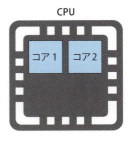

このコアの性能を上げていけばCPUの処理能力は上がるわけですが、近年では、コアの性能向上に限界が見えつつあります。そこで、「それならコアの数を増やして、並列で処理をさせてしまおう！」という流れが起きてきます。
ゲーム機については、PlayStation 3世代あたりから、複数のコアを兼ね備えたものが出るようになってきました。

複数のコアを備えていることを**マルチコア**と呼びます。実際の処理を担うコアが複数あるということは、処理を並列で実行できるということを意味します。

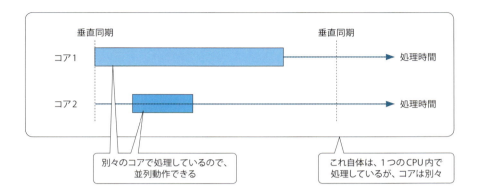

このように、コアの個数分の処理を並列させることができるわけですが、コアの数はCPUごとに限られています。それに対して、前節で紹介したスレッドは、ある程度多く持つことができます。そのため、コアによる並列処理とスレッドとを組み合わせることも少なくありません。コアが複数ありさえすればスレッドの出番はない、というわけではないのです。

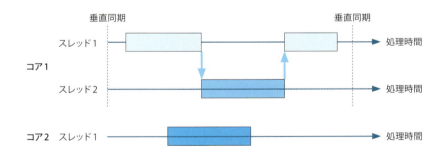

3.13：実際に何を並列処理させるか

スレッドとコアを使えば処理を分散できるので、ゲームプログラミングがとても楽になるだろうと思われるかもしれませんが、実際はそうでもありません。逆に煩雑になる原因ともなりえます。

例によって、プレイヤーと敵の処理に分けて考えてみましょう。コアが2つあるとして、単純にそれぞれのコアにプレイヤーと敵の処理を割り振ってみます。

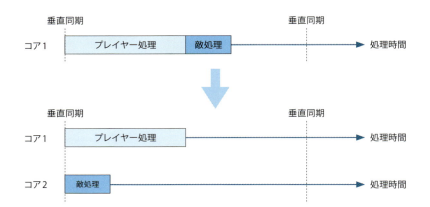

一見、処理が完全に分かれて処理時間も分散でき、とても効率が良さそうに見えます。しかし実際は、敵はプレイヤーの動きを見て行動を決定します。ですので、プレイヤーの行動が分からなければ、敵はどういう行動をとるべきか判断できないのです。

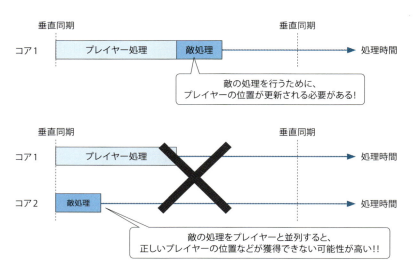

その点を考えると、従来の単一コアのときと同じように処理をさせるしかなさそうです。結局のところ、ゲームのメイン処理は1つのコアでやり切るしかありません。

それでは、どういった処理がもう1つのコアに振れるのでしょうか？　答えのひとつとして、「ゲームプレイに支障をきたさない処理」が振りやすいと言えます。例えばプレイヤーは長髪で、動くことで髪の毛が揺れるものとします。その髪の毛がどのように揺れたとしても、ゲームのプレイに支障はきたさないと言えるでしょう。あるいは、背景の壁などが爆発して破片が飛び散る処理も挙げられます。「破片がプレイヤーや敵に当たった場合はダメージを与える」という仕様のときは別のコアに振れませんが、そうでなければ、これもまたゲームプレイに支障をきたさないと考えられます。

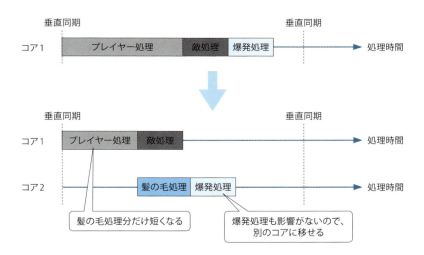

このように、少しずつですが処理を分散させることができます。ただし、処理を分散させる際に気を付けなければならない点があります。それぞれのコアが同じメモリ領域を書き換えてしまう可能性を考慮しなければならないという点です。

あるコアが特定のメモリ領域を書き換えている場合、他のコアはその書き換えが終わるのを待たなければなりません。そうしないと、予期せぬ事態が起こりうるからです。

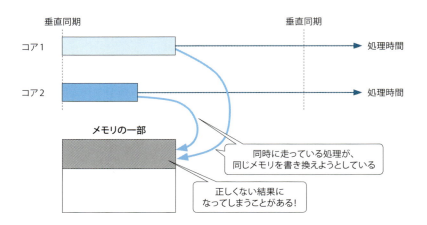

本節の説明から分かるように、コアが2つになったからといって、処理速度が純粋に倍になるわけではありません。 むしろ、プログラムする際にコアの挙動を十分に気にかける必要があり、神経を使います。 しかし、使い方によってはとても高い効果が得られます。 マルチコアの使い方はプログラマに委ねられており、プログラマの腕の見せ所だと言えます。

3.14：ブロック図

ここまでに、CPU、GPU、メモリ、ディスプレイなど、ゲーム機を構成する要素を一通り見てきました。 これらの要素の関連についても、ある程度見えてきたのではないでしょうか。ここでは、こういった関連を一望できる**ブロック図**についてお話します。

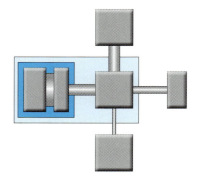

最近では機会が減ってしまいましたが、一昔前は新しいゲーム機が発表される時期になると、技術系のWebページなどで右のような図を目にすることがありました。これがブロック図です。

ブロック図は、CPUやGPU、さらにメモリやコントローラーなどがどのように関連しているかを表しています。これを見れば、そのハードウェアの特性が分かり、できることとできないことの判断がつきます。

また、プログラムをどのように組んでいくべきかも、ブロック図から判断できます。同程度のクオリティの絵を表示できる2つのゲーム機があったとしても、表示の仕方はゲーム機によって大きく異なるかもしれません。こういった場合にもブロック図が役立ちます。 あるゲームを別々のハードウェアで同時発売する、ということは少なくありませんが、そのためには両ハードウェアの特性をよく理解した上で、両者の違いを吸収できるようにプログラムを組んでいかなければなりません。

ここからは、架空のゲーム機「A」と「B」のブロック図を比較しながら、特性を説明していきます。

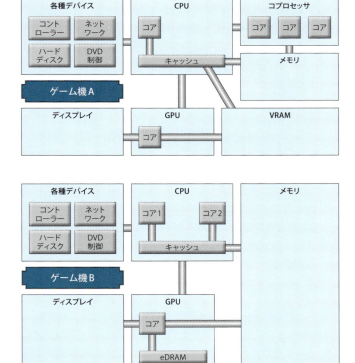

3.15：ゲーム機の簡単な動作の流れ

架空のゲーム機「A」と「B」のブロック図には、これまでに紹介してきたものが一通り揃っています。CPU、GPU、コア、メモリなどです。それ以外に初見のものもあるかと思いますが、それらの説明に入る前に、まずはブロック図の捉え方を説明します。

CPUやメモリといった各ユニットがパイプ状に描かれた線でつながっていますが、このパイプはデータの通り道であり、バス（bus）と呼ばれます。

ゲーム機Aで説明していきましょう。3.2節で説明したように、プログラムはメモリに配置され、CPUがそれを読み取ります。さらに詳しく言うと、CPUの中でも、実質的な処理を行うのはコアですから、コアがプログラムを読み取ります。

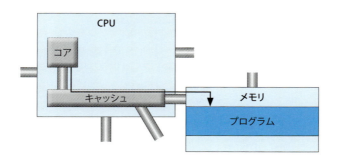

この図を見ると、コアから伸びているバスがキャッシュ（cache）というところを通り、そこからさらにプログラムが存在するメモリへとつながっています。コア→キャッシュ→メモリという経路でコアはプログラムを読み取る、ということがこの図から分かります。

次に、フレームバッファがディスプレイに表示される流れを見てみましょう。今度はゲーム機Bで説明します。次の図を見てください。フレームバッファはメモリ上に存在しますが、そのメモリを、CPUではなくGPUのコアが読み取っています。そして、読み取った内容をそのままディスプレイに流し込んでいます。

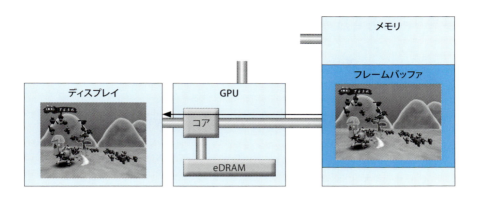

このように、バスを経由してプログラムを処理したり、絵をディスプレイに表示したりします。バスに注目しながらブロック図を見ていくことで、処理の流れやゲーム機ごとの特性が把握できます。

3.16：キャッシュ

前節では、メモリ内のプログラムをコアが読み取る話をしました。コアから始まって、バスを伝ってメモリにたどり着くわけですが、途中で「キャッシュ」というものを経由しました。

ブロック図を見れば分かるように、CPUとメモリはそれぞれ別のユニットになっています。ですので、両者の間で読み書きを行うためには、一定の距離のバスにデータを通さなければなりません。これにはそれなりの処理時間がかかります。

これを解消するのが**キャッシュ**です。キャッシュには、小容量ではありますが、メモリ内の内容の一部が一時的に保持されます。コアがメモリから読み取ろうとした内容がキャッシュに載っている場合、わざわざメモリを参照しにいく必要はありません。キャッシュを参照するだけで済むため、処理時間が短縮できます。キャッシュというのはCPUの一部ですので、コアからの参照はとても高速に行うことができるのです。

そのためキャッシュは、ゲームプログラムの処理速度を向上するのに欠かせない、重要な存在です。ただし、キャッシュの容量は非常に小さく、ゲーム機によってはメモリの数百分の一程度の容量しかありません。その点に注意しながら、うまく利用する必要があります。

メモリへの書き込み時

ゲーム機 B を例にとって、実際の読み書きの流れを見てみましょう。次の図に示すように、コアがメモリ内のある位置にデータを書き込もうとしている状況を考えます。

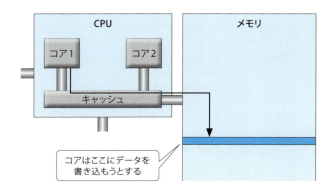

このとき、キャッシュが利用できそうならば（キャッシュに十分な空きがある、もしくはキャッシュ内のデータを上書きしても構わないというのであれば）、次の図に示すように、メモリではなくキャッシュのほうにデータを書き出します。その際、メモリのどこに書き込もうとしていたのかも記憶しておきます。

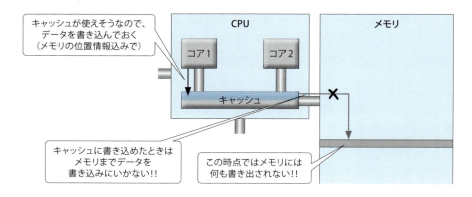

キャッシュに書き込んだ場合、メモリそのものにはデータを書き出しません。メモリへのアクセスを省くことで処理速度が稼げるわけです。

メモリからの読み込み時

上記の状態において、コアがメモリから先ほどのデータを読み取ろうとする状況を考えてみましょう。

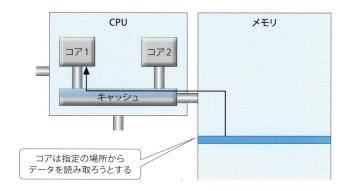

コアは指定の場所から
データを読み取ろうとする

本来ならバスをいくつか経由してメモリを参照し、そのデータをコアに届ける必要があります。しかし途中のキャッシュにデータが存在しているので、そこから読み取るだけで終了します。わざわざメモリを参照しにいく必要はありません。

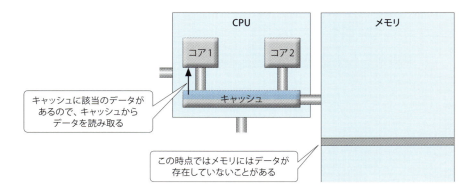

キャッシュに該当のデータが
あるので、キャッシュから
データを読み取る

この時点ではメモリにはデータが
存在していないことがある

キャッシュがメモリにデータを書き出すタイミング

このように、キャッシュによって処理の高速化が図れるわけですが、メモリそのものにデータが載っていない点には少し心もとない感じがします。実際は、不意なタイミングでキャッシュからメモリにデータが書き出されます。

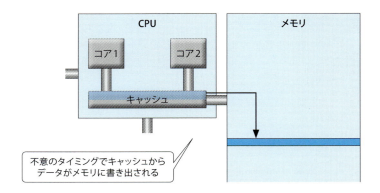

通常、CPU のコアでプログラムを処理させる分には、この書き出しタイミングは気にしなくても構いません。しかし、メモリにデータが載っていないことが問題になるケースもあります。ブロック図の全体を見ると分かるように、メモリには GPU からもアクセスできます。CPU と同様に、GPU もメモリに対して読み書きを行うことができます。

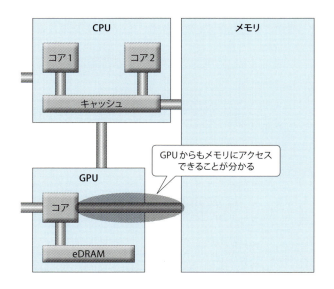

ここで問題になるのが、描画コマンドを CPU 側でメモリに書き込み、GPU がそれを読み取るといったケースです（描画コマンドの処理については 3.8 節、3.10 節を参照）。CPU が描画コマンドをメモリに積もうとした際にキャッシュが利用可能であ

れば、描画コマンドはキャッシュに書き込まれます。実際にメモリに書き込まれるタイミングは分かりません。GPU がメモリから描画コマンドを読み取ろうとしたときに、まだ書き込まれていなかったとしたらどうでしょう。GPU は存在しないデータをメモリから読み取ろうとすることになり、不具合を引き起こします。

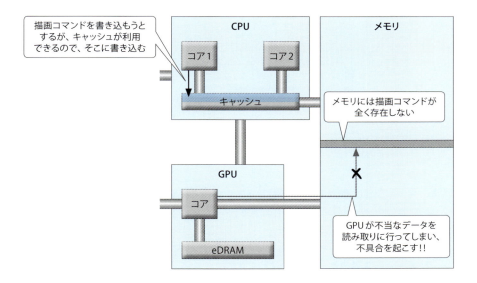

この不具合を回避するための方法はいくつかあります。ひとつは、キャッシュの内容を強制的にメモリに書き出す方法です。この強制的な書き出し命令は任意のタイミングで出すことができます。描画コマンドを一通り書き終えた時点でメモリへの書き出しを明示的に行えば、不具合を回避できます。

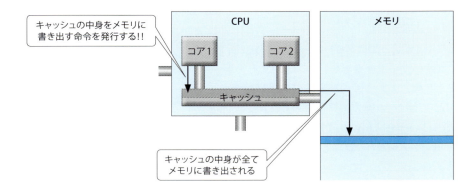

もうひとつは、キャッシュを介さずに直接メモリに書き込んでしまう方法です。処理時間は余計にかかりますが、キャッシュをクリーンに保つことができます。キャッシュに空きがあれば、他の箇所で有効に利用できます。

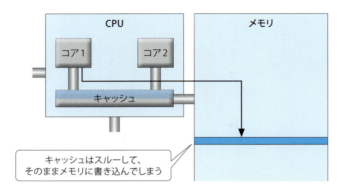

通常、キャッシュは意識せずに利用できますが、ここで見たように、ときにはキャッシュを意識したメモリ操作が求められます。

3.17：VRAMとeDRAM

VRAM

ゲーム機 A のブロック図に注目してください。ゲーム機 B には存在しない VRAM（ブイラム）（Video Random Access Memory）というユニットが備わっています。

VRAM というのはメモリの一種ですが、特に GPU から読み書きが行いやすいメモリのことを指します。ゲーム機 A の CPU はメモリと VRAM の両方にアクセスできますが、GPU は VRAM にのみアクセスできます。こ

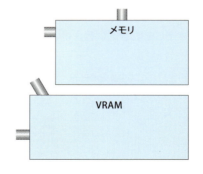

の場合、フレームバッファは VRAM 上に置かれ、GPU は VRAM に絵を描いていきます。

3.17：VRAMとeDRAM   89

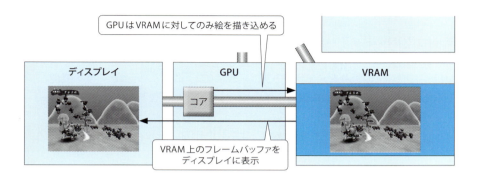

通常のメモリとVRAMとに分ける理由はいくつかありますが、GPUにとって好都合だというのが最大の理由です。GPUの近い位置にGPUの専属メモリとしてVRAMを置くことで、GPUは自身にとって都合のよいメモリ配置が行えます。その反面、通常のメモリとVRAMとでメモリ領域が明確に分断されてしまい、メモリ使用の柔軟性が損なわれるという部分もあります。

eDRAM

ゲーム機BにはVRAMがありませんが、GPU内にeDRAM（Embedded DRAM）というものが存在します。メモリやVRAMに比べて容量が極めて小さいものの、eDRAMとの読み書きは高速に行えます。ゲーム機BのGPUのコアは、この領域にのみ、絵を描くことができます。メモリに直接絵を描き込むことはできません。

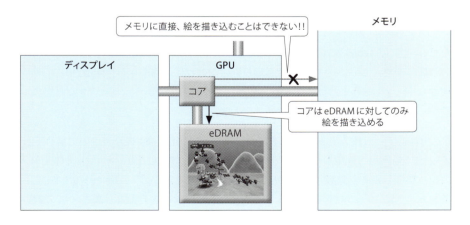

しかしeDRAMは、画面に表示するためのフレームバッファとして使うことはできません。フレームバッファはメモリに置く必要があります。とは言えGPUコアはメモリに直接絵を描くことができないので、どうしたらいいのでしょう。実はGPUコアには、eDRAMの中身をメモリ上のフレームバッファにまるごとコピーする機能が備わっています。そこで、次の図に示す手順でディスプレイ表示を行います。

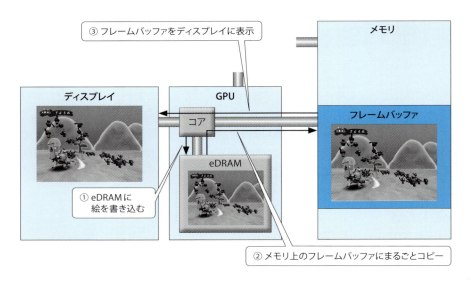

GPUとVRAMとのつながりに比べて、GPUとeDRAMとのつながりはより密接です。そのため、より高速に描画処理を行えます。また、メモリ領域が分断されることなく、通常メモリに一本化されているので、メモリ使用の柔軟性も保たれます。このあたりがeDRAMの利点です。

ただしeDRAMの容量はわずかです。「eDRAMに絵を描いてはメモリにコピー」という操作を1フレームの間に何度も繰り返さなければなりません。かえって処理時間がかかってしまうこともあります。また、メモリ内のフレームバッファに直接描くことに比べて、理解しづらいという面もあります。

ここでは、ゲーム機AとBのそれぞれが、どのように絵を描くのかについて掘り下げました。今回はVRAMとeDRAMについて取り上げましたが、それ以外のテクノロジも存在します。同程度のクオリティの絵を表示できるゲーム機であっても、ここで見たように、内部的な描画のメカニズムは全く異なる場合があります。この違いを吸収しながらゲームを作り上げていくのも、プログラマの仕事です。

コラム：コプロセッサ

ゲーム機ＡとＢのＣＰＵには大きな違いがあります。ゲーム機ＡのＣＰＵにはコアが１つあるだけですが、ゲーム機ＢのＣＰＵには２つあります。コアが多ければ並列で処理を実行できるので、その点ではゲーム機Ａのほうが不利だと言えます。ただし、ブロック図をよく見ると、ゲーム機Ａには**コプロセッサ**（co-processor）というものが存在し、そこにもコアがいくつかあるのが分かります。

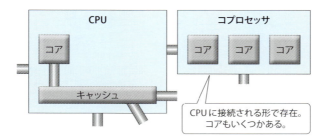

コアがあるだけに、このコプロセッサもプログラムを実行できます。ただし、コプロセッサのコアが実行できるのは、通常のＣＰＵのコアが実行するプログラムとは少し違うタイプのプログラムです。

コプロセッサの中身を細かく見ていきましょう。コプロセッサにはいくつかのコアが存在しますが、それぞれのコアに小容量のメモリが備わっています。コアに処理を行わせるには、そのメモリにプログラムを転送して、それを実行させます。つまり、コアごとに、別々のプログラムを並列して走らせることができます。

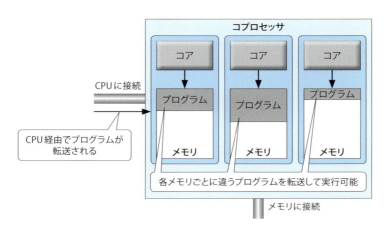

コプロセッサ本体はメモリと接続されているので、コプロセッサの処理結果はメモリに書き出すことができます。このメモリへの書き出しは、CPUの処理と完全に並行して行われます。

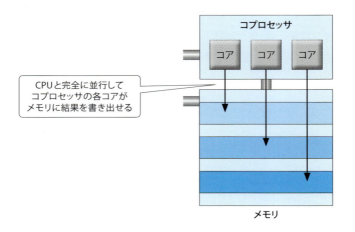

このようにコプロセッサは、CPUのコアの少なさや処理能力の不足を補う存在です。ただし、コプロセッサには一般に、得意な処理と不得意な処理があります。よく見られるのは、計算に特化したものや、単純計算の繰り返しが得意なものです。こういったコプロセッサの特性をよく見極めて、コプロセッサに適した処理をさせるようにプログラム設計を行う必要があります。

ですが、最近ではこのような独自コプロセッサを持つゲーム機が見当たらなくなりました。昔はゲーム機自体に独自コプロセッサを持つことで他のゲーム機との差別化を図っていましたが、最近ではPCとゲーム機の境界も薄くなり、作りやすさがメインになって来ている印象があります。ですのでコプロセッサを用いる技術は現在では重要視されませんが、そういうハードウェアの仕組みもあるということは覚えておいてよいと思います。

3.18：まとめ

CPUは、ゲームプログラムの処理を担う、ゲーム機の核となる存在です。1/60秒もしくは1/30秒といった一定周期でプログラムを回すという根本の処理を、中心に立って担っているのがCPUです。近年では、GPUや複数のコアに処理を分散させられるようになってきていますが、一定周期でプログラムを回すことには変わりありません。

そういった観点から見ると、複数コアに処理を分散させる方法や、GPUに描画をさせるタイミングを考えることは、末節の問題のようにも思えてきます。

たしかに、そう考えても間違いだとは言い切れません。しかし、そういった細かい部分を十分に考えて設計することにより、いつもより多くの敵を表示できたり、処理落ちを抑制できたりする可能性が高まります。現実問題としてプログラマは、この詳細な部分をしっかりと考慮して、プログラミングを行わなければなりません。

細かい部分の工夫は表にはなかなか見えてきませんが、プログラムを陰から支える「縁の下の力持ち」です。ゲームを成り立たせる、非常に大きな存在だと言えるでしょう。

CPUとGPU

Chapter 4
数値表現と演算

普段から馴染みのある「1」や「2」といった数字ですが、ゲームプログラミングではここにもちょっとした「ひねり」があります。プログラミングをしやすくするため、あるいはゲーム処理上の便宜をはかるため、といった理由から、普段とは別の表現をとる必要に迫られます。

ここでは、コンピュータの特性や制約を踏まえつつ、いかに精度の高い数値表現を見出すかについて説明します。

4.1：10進数と2進数

本章では、コンピュータの内部で数値がどのように表現され、それらがどのように演算されるのかを詳しく見ていきます。まずは基本中の基本として、数の数え方をおさらいします。「数なんて、普通に数えられるよ！」と思われるかもしれませんが、数の数え方にもいくつかの種類があり、その中には、プログラミングに向いている数え方というものが存在します。

日常生活で皆さんは、次のような数え方をしていると思います。

  1、2、3、4、5…

ここからさらに進んで「9」まで行ったら、「10」と、1桁から2桁に変わります。このように、1つの桁に0から9までの10段階があり、それより上に行こうとすると桁上がりが発生する数え方を**10進法**と呼び、10進法で表現される数値のことを**10進数**と呼びます。

もちろん、10以外の進数もあります。ここでは2進数について見ていきますが、その前に、CPUとメモリについて思い出してください。2.4節で説明したように、CPUは「2」を扱うのが得意です。「YESかNO」あるいは「0か1」といった二者択一を好むのです。一方、メモリの最小単位は「バイト」であり、そのバイトはさらに「ビット」に分割できることを2.3節で述べました。1ビットというのも、「0か1」という2段階を表現できるものでしたね。

こういったことから、0と1の2種類の数字だけで表現される**2進数**というものが、コンピュータにとって都合が良さそうだということが分かります。10進数と2進数の対応を表にしてみましょう。

10進数	0	1	2	3	4	5
2進数	0	1	10	11	100	101

他の進数と同じように2進数にも桁上がりがあります。例えば10進数の1から2に上がるとき、2進数では桁上がりが発生して1から10に上がります。

ここでまたメモリの話に戻りますが、2.2節では、1バイトが0から255の範囲を表現すると説明しました。この255というのは、非常に中途半端な数値だと思われた方もいるのではないでしょうか。その理由は、2進数で表現すると見えてきます。

右の表を見ると分かるように、255というのは2進数の「11111111」です。1が8つ並ぶ非常にキリのいい数であることが分かります。

次の256は「100000000」です。桁上がりが発生している上に下8桁が全て0になっているので、255は8桁の2進数の最大値です。つまり、1バイトというのは8桁の2進数と同じなのです。

10進数	2進数
0	0
1	1
2	10
3	11
⋮	
253	11111101
254	11111110
255	**11111111**
256	100000000
257	100000001

4.2：16進数

1と0が数多く並ぶ2進数の表現はあまりにも冗長です。そこで登場するのが16進数です。10進数は「0～9」という10種類の文字で表現できますが、**16進数**には16種類の文字が必要になります。16進数は次のように数えます。

　　0、1、2、3、4、5、6、7、8、9、A、B、C、D、E、F

このように、数字に加えて、「A～F」のアルファベットを用いて表現します。次の表に、10進数と16進数の対応を示します。

16進数	0	1	2	…	8	9	A	B	C	D	E	F	10	11
10進数	0	1	2	…	8	9	10	11	12	13	14	15	16	17

このように、Aが10進数の10、Bが10進数の11に相当します。16進数にも桁上がりがあり、Fの次は10になります。16進数の「10」は10進数の16に相当します。

ここで、今度は2進数と16進数の対応について考えてみましょう。

16進数	0	1	2	3	4	5	6	7	8
2進数	0000	0001	0010	0011	0100	0101	0110	0111	1000

16進数	9	A	B	C	D	E	F	10
2進数	1001	1010	1011	1100	1101	1110	1111	0001 0000

2進数のほうはわざと4桁の表記にしています。そうすることで見えてくるものがあるからです。例えば16進数の1桁は2進数の4桁に完全に相当します。つまり0～Fというのは「0000」～「1111」だということです。2進数と16進数はとても相性が良さそうだということが分かります。

先に、「1バイトは10進数で255、2進数で11111111」だと説明しました。そのあたりを踏まえて、各進数の対比をもう少し見てみましょう。

10進数	2進数	16進数
253	11111101	FD
254	11111110	FE
255	11111111	FF
256	100000000	100
257	100000001	101

このようになり、1バイトは2桁の16進数で表現できることが分かります。0～FFで表現できるということです。さらに、2バイトのときは0～FFFF、4バイトのときは0～FFFFFFFFとそれぞれ表現できます。

以上から、プログラミングにおいては16進数で考えると非常にスムーズに物事が進められます。本章のこれ以降では10進数や16進数を交えながら話を進めていきますが、例えば「20」と記載しても10進数と16進数とでは意味する値が変わってきます（16進数の「20」は10進数の「32」を指します）。ですので今後は、16進数を表すときには次のように先頭に「0x」を付けて表現します。

  0xFF

「0x20」というのは16進数の「20」であり、10進数の「32」を指す、ということになります。

4.3：加算、減算、正の数、負の数

加算、減算

10進数と同様、16進数にも加算（足し算）や減算（引き算）があります。

  0x14 ＋ 0x32 ＝ 0x46　……①
  0x0A ＋ 0x0F ＝ 0x19　……②
  0x58 － 0x1B ＝ 0x3D　……③

まず①ですが、このようにアルファベットが入らない数値の計算は考えやすいと思います。②のようにアルファベットが含まれる数値の計算は直感的ではないので少し混乱しますが、0x0A（10）と0x0F（15）の和は0x19（25）になります。括弧内に示したのは10進数ですが、このように10進数に換算すればある程度計算しやすくなります。③は減算ですが、こちらも地道に計算すれば答えを導き出せます。

16進数の計算は、ほとんどの場合、プロのプログラマでも瞬時には答えられません。電卓片手に計算することのほうが多いくらいですので、すぐできなかったからといって落ち込む必要はありません。

正の数、負の数

1バイトは0から255だと何度か説明してきましたが、「ということは正の数しか表現できないの？」と思われたかもしれません。結論から言えば、負の数も表現することができます。それには**2の補数**（2's complement）という表現方法が用いられます。例として、0x48（10進数の72）で考えてみましょう。まずはこれを2進数で表現します。

  0100 1000

次に、この数字の列に対して、0になっているところを1に、1になっているところを0に変換します。

  0100 1000
   ↓
  1011 0111

最後に、この数に対して1を加算します。

```
    1011 0111
  +         1
  ─────────────
    1011 1000 = 0xB8
```

このようにして0xB8という数ができ上がりました。これが0x48（72）のマイナスの値、つまり−0x48（−72）に相当します。

実際に負の値になっているのか、確認してみましょう。負の値になっているならば、0x48と0xB8の和は0x00になるはずです。

```
    0x48 =   0100 1000
  + 0xB8 =   1011 1000
  ─────────────────────
           1 0000 0000 = 0x100
```

計算の結果、0x100になりました。0x00にはなりませんでしたが、1バイトで計算しているとすると、3桁目は1バイトで表現できる範囲を超えているので無視されます。つまり、0x100から0x00に意味合いが変わります。これで、0x48の負の数が0xB8だということが理解できたかと思います。

ここで、1バイトの範囲の数が各進数でどのように表現されるのかを示す、対応表を載せておきます。

表をみて分かるかと思いますが、2進数で表現したときの最上位（左端）の数字が「1」のときは負の数になります。ゲームではそこだけをチェックして、マイナスかどうかを判断することもあります。

また、「1バイトは0から255」とこれまでは説明してきましたが、「1バイトは−128から127」と考えることもできます。1バイトをどのように扱うかはプログラム側で切り替えができるので、状況に応じて使い分けます。

10進数	2進数	16進数
127	0111 1111	0x7F
126	0111 1110	0x7E
125	0111 1101	0x7D
⋮		
2	0000 0010	0x02
1	0000 0001	0x01
0	0000 0000	0x00
−1	1111 1111	0xFF
−2	1111 1110	0xFE
⋮		
−126	1000 0010	0x82
−127	1000 0001	0x81
−128	1000 0000	0x80

4.4：ビットシフト

最新のCPUはそうでもありませんが、かなり昔のCPUは加算や減算は得意でも、乗算（掛け算）や除算（割り算）はとても苦手でした。というより、乗算や除算の機能がCPUに備わっていませんでした。それでも計算ができていたのは、ビットを巧みに操作して乗算や除算と同等の結果を得ていたからです。その「巧みな操作」が、ここで紹介する**ビットシフト**という手法です。

ビットシフトとは、数値を2進数で表現し、その数値表現の全体を右か左に移動（シフト）させることを言います。

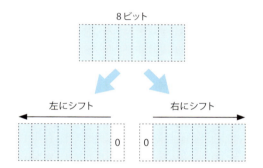

例として、0x2C（44）という数をシフトした場合を考えます。まずは、左側に1ビット、シフトしてみましょう。

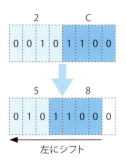

左側にシフトしたことによって左側にはみ出た部分は捨てます。一方、シフトによって生じた右側の空白部分には0を入れます。そうすると0x58になりますが、これは10進数の88です。元の数は0x2C（44）ですので、倍の値になったわけです。つまり、1つ左側にシフトすることで、元の数の2倍になるという効果が得られます。同様に、2つシフトすると4倍、3つシフトすると8倍になります。図を描いて確認してみてください。

次は、右側にシフトしてみましょう。

今度は、右側にはみ出た部分を捨て、左側に生じた空白に0を入れます。0x2C（44）を右に1つシフトした結果は0x16です。これは10進数の22ですから、元の数の1/2になったわけです。2つシフトすると1/4、3つシフトすると1/8になります。

このように、ビットをシフトすることで、2倍もしくは1/2倍という単位に限られますが、乗算や除算が実現できます。

このビットシフトの計算は非常に高速に実行されます。そのため現在でも使われることがあります。

本書では以降、ビットシフトを数式として表現する際には以下のように表記します。

　　　0x80 >> 1 = 0x40　……①
　　　0x10 << 2 = 0x40　……②

①の「>>」で右シフトを表現します。「>>」の右側の数字がシフトする量です。つまり①の式は、「0x80を1ビット、右にシフトした結果は0x40だ」という意味になります。②の「<<」は左シフトを表します。したがって②は、「0x10を左に2ビット、シフトした結果は0x40だ」という意味です。

コラム：プログラマーは「0」から数えたがる

日常生活で数を数えるときは「1」から始めてカウントアップするのが普通だと思います。著者自身も、プログラマとして働き出すまではそうでした。ですが不思議なことに、プログラマとして働き始めてしばらく経つと、「1」から数えることに違和感を感じるようになってきます。

プログラマは、「メモリをここからここまで参照しなさい」といった処理を頻繁に書きます。その際、とあるメモリ位置を先頭にし、そこから位置を1つずつ、ずらしながら参照していきます。つまり、ある位置がXだとすると、その次の位置は「X＋1」だと考えるわけです。

実際のプログラムでは、「先頭位置＋カウンター変数」という形でメモリのアドレスを参照します。カウンター変数には、何番目の位置に注目すべきかを示す値が含まれています。

例えば、5個のデータをメモリから読み出す必要があるとします。このとき、カウンター変数に1〜5のいずれかの値が入っているものとしましょう。つまり、「1、2、3、4、5」と数えようとしているわけです。カウンター変数の値が「1」であるときは、当然、メモリの先頭位置を参照したいのですが、「先頭位置＋カウンター変数」の値は「1」となります。これは、先頭から1つずれた位置、すなわちメモリ内の2番目のデータを指すことになってしまいます。カウンター変数の値が最後の5に達したときには、目的のデータの範囲外の位置を参照してしまうことになります。

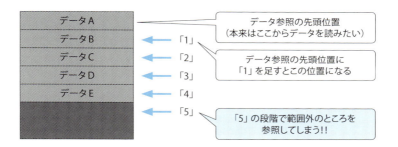

その都度「-1」を加えて無理やり調整することもできますが、これは余計な手間に他なりません。それよりも、カウンター変数が0〜4の値をとるようにしたほうが簡単です。つまり、「0、1、2、3、4」とカウントするわけです。そうすれば、「先頭位置＋カウンター変数」という形で正しい位置を参照できます。

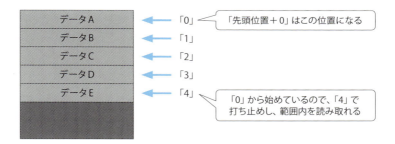

このような事情から、プログラムを組むときには「0」からカウントアップすることが多くなります。そうしているうちにプログラムは自然と「0」からのカウントアップに親しみを覚え、「1」からのカウントアップに違和感を感じ始めるのです。

プログラマにデータやファイルなどを提出する際には、連番を0から付けるようにしてみてください。思いのほか、プログラムから好感を抱かれるかもしれません。

4.5：論理演算

そんなビットシフトですが、現在では計算目的で利用されることはほぼありません。CPUも性能が上がり、乗算などの計算をそのまま使っても処理速度の面でデメリットが出ることが薄れたからです。

ただビットを操作するということに着目しつつ、別アプローチで話を進めます。今回は「論理演算」というものについて説明します。

論理演算は0もしくは1について扱う演算、つまりビットに対する計算になります。

この論理演算は様々な種類がありますが、今回は論理和（OR）と論理積（AND）について取り上げます。

論理和（OR）

「論理和（OR）」は2つの数値で行う演算で、ビットを1にするために行う演算です。

演算結果は以下の通りになります。

入力1	0	0	1	1
入力2	0	1	0	1
出力	0	1	1	1

2つの数値のどちらかが1のときは1になり、そうでない場合（両方とも0）は0になります。

ビット単位での計算の様子は下図の通りです。

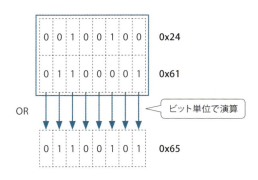

論理積(AND)

「論理積(AND)」は2つの数値で行う演算で、主にビットごとの判定を行うための演算です。

演算結果は以下の通りになります。

入力1	0	0	1	1
入力2	0	1	0	1
出力	0	0	0	1

論理和と異なり両方の数値が1になって初めて出力が1になります。

ビット単位での計算の様子は下図の通りです。

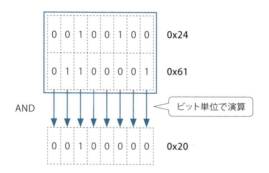

論理演算の活用

今まで紹介した論理演算ですが日常生活に馴染みのない計算方法で、活用方法が想像できないかと思います。

今回は分かりやすくするため実際のゲーム、例えばRPGのシチュエーションで考えます。

RPGのキャラクターで毒や眠りなどの状態になるかと思いますが、それらはビットのON/OFFで表現が可能になります。

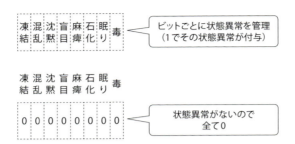

つまりステータスを表すのにビットを用いますが、ここに 1 を書き込むと状態異常になり、0 にするとそれが消えるということです。

その操作のために OR と AND を利用します。

OR で状態異常を付与し、AND で状態異常の解除と状態の確認などを図の様に行えます。

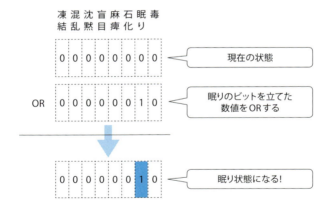

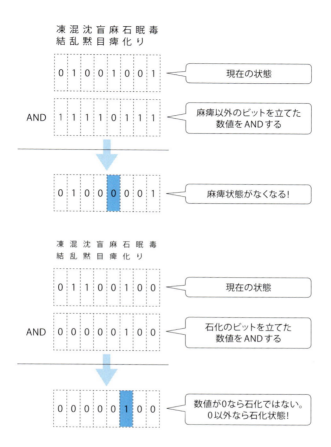

このように論理演算を用いることでこのような処理が可能になります。

そしてビットシフトに戻りますが、この「毒」や「眠り」というのを示すのに、表記としてビットシフトを記載する、という使い方がメインになります。

例えば以下の様になります。

```
0x01 << 0    …… 毒
0x01 << 1    …… 眠り
0x01 << 2    …… 石化
     ⋮
```

4.6：小数

本章でここまでに取り上げてきた話題は全て整数に関するものでした。しかし整数だけでは、ゲーム処理に求められる精度を表現し切れません。例えば、プレイヤーを移動させるためにはプレイヤーの現在位置を示す座標の情報が必要になってきますが、ここで小数が使えなければ、表現力が非常に乏しいものになってしまいます。

ここでは、いろいろな小数の処理の仕方について説明します。

固定小数点数

まずは**固定小数点数**というものを説明します。固定小数点数とは、数バイトのうちのいくつかの上位ビット（左側のビット）を整数部分として使い、残りの下位ビットを小数部分として使うものです。

4バイトを例として、具体的に見ていきましょう。1バイトは8ビットですから、4バイトは32ビットで構成されます。4バイトというのは、整数であれば0〜4,294,967,295、もしくは–2,147,483,648〜2,147,483,647という、とても幅広い範囲を表現できます。小数になるとこれがどうなるのか、注意しながら見ていきましょう。

ここでは、32ビットのうちの上位16ビットを整数部分として使い、残りの下位16ビットを小数部分として使ってみます。

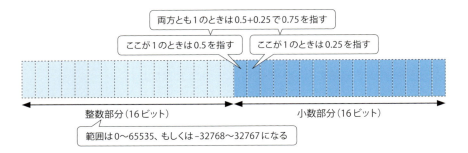

整数部分が縮まったため、表現範囲は0〜65,535もしくは–32,768〜32,767と、かなり狭くなっています。しかしその分、小数が扱えるようになっているわけです。

小数部分のビットについては、最上位ビットが 1 のときは 0.5、その次のビットが 1 のときは 0.25 を表します。その右のビットはさらに半分を表し、その次もさらに半分、という具合に右端のビットまで続きます。そして、1 になっているビットが示す値の合計が、最終的な小数部分の値になります。上記の例では整数部分が 16 ビットになっていますが、どれだけのビットを充てるかは調整できます。例えば、小数の精度は粗くなってもいいので整数の範囲を広げたい、というときには、16 ビットではなく 24 ビットにします。

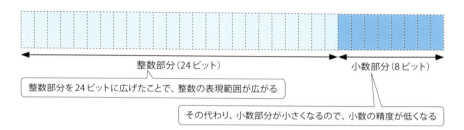

固定小数点数の利点は、加算や減算、ビットシフトなどを行っても正しい結果が得られるということです。以下にその一例を挙げます。

```
0x00208000(32.5) + 0x00008000(0.5) = 0x00210000(33)
0x0045C000(69.75) - 0x00102000(16.125) =
                        0x0035A000(53.625)
0x00018000(1.5) >> 1 = 0x0000c000(0.75)
```

このように、計算がとてもしやすい形式だと言えます。しかし現在ではあまり用いられません。数値の精度が落ちても構わない場合などに限って使われることがほとんどです。

浮動小数点数

固定小数点数は計算がしやすく分かりやすいので非常に使い勝手がいいのですが、整数の範囲が固定されるという点と、設定次第では小数の精度が低くなるという点がデメリットとして目立ってきます。そこで登場するのが**浮動小数点数**という、固定小数点数とはまた別の小数表現です。

基本的に浮動小数点数は4バイトで、ビットの構成は次のようになっています。

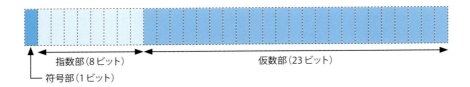

図にあるように、浮動小数点数のビットは大きく3つの部分に分けられます。

- 符号部
- 指数部
- 仮数部

一番分かりやすいのは符号部で、これは1ビットで表現されます。このビットが0なら正の数、1なら負の数になります。続く指数部と仮数部が、小数点数を表現するための肝となる部分です。指数部では、表現したい数値を大雑把に設定します。仮数部は、指数部で大雑把に決まった数値を、最終的に表現したい数に近づけるために設定されます。

もう少し詳しく見ていきましょう。指数部には、2のべき乗単位の値が設定されます。つまり、2の2乗（4）、2の3乗（8）、2の4乗（16）、2の5乗（32）……という値が設定されます。この値が、最終的な値を作っていくためのベース値となります。

仮数部は、指数部が示すベース値と、その次のベース値との間を補間するためのものです（例えばベース値が4であれば、仮数部は4と8の間を補間します）。この仮数部の個々のビットの意味は、指数部が示すベース値によって決まってきます。仮数部の最上位ビットが1のときはベース値の半分の値を表します。次のビットはさらにその半分、という具合に最下位ビットまで続きます。固定小数点数の小数部分と同様の方式になっているわけです。

これだけでは分かりづらいので、具体例を示しましょう。浮動小数点数で「24」を表現したいとします。この場合、指数部には「16」を設定します。仮数部には、今回のベース値である「16」と、次のベース値である「32」との間を取るような数値が設定されます。

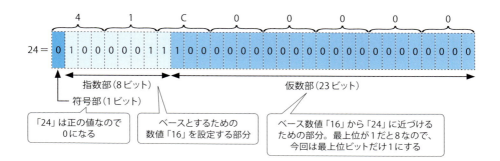

仮数部の最上位ビットはベース値「16」の半分を意味するので、ここを1にすることで「8」になります。「24」は「16＋8」ですから、仮数部は最上位ビットだけを1にします。これで「24」が表現できたことになります。

このように仮数部は、指数部で定めたベース値と次のベース値との中間値を表現します。ということは、表現したい数値が大きくなればなるほど、小数点以下の数値の精度が甘くなるということです。例えば、仮数部で16と32の中間値を表現するよりも、2と4の中間値を表現するほうが精度が若干上がります。

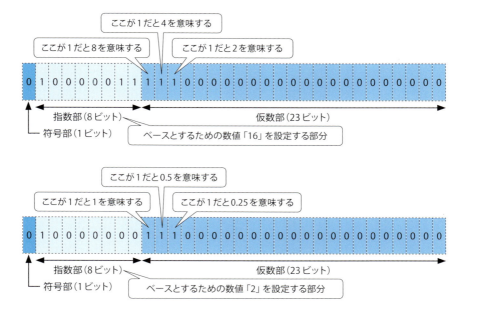

ところで、指数部で表現できるのは 2 の 2 乗、2 の 3 乗といった正のべき乗だけではありません。2 の –1 乗 (0.5)、2 の –2 乗 (0.25) といった負のべき乗も表現できます。この場合、仮数部では 2 つの小さな値が補間されることになり、より精度の高い小数点数が表現されます。

固定小数点数では、小数点以下の数値の精度も整数の範囲も固定されます。これに対して浮動小数点数では、整数の範囲に柔軟性が与えられています。小数点以下の数値についても、ベース値に依存するとは言うものの、高い精度が期待できます。

浮動小数点数の種類

ここでは 4 バイトの浮動小数点数について説明してきましたが、2 バイトや 8 バイトといったものも種類として存在します。ビットが「符号部」「指数部」「仮数部」で構成されるのは同じです。

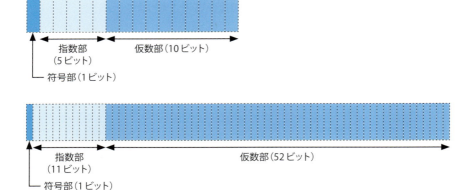

2 バイトのものを**半精度浮動小数点数**と呼び、8 バイトのものを**倍精度浮動小数点数**と呼びます。4 バイトの浮動小数点数も含めて、これらの違いはビット数の違いによる表現範囲と精度だけです。

半精度浮動小数点数は精度が低い反面、データが小さいので、例えば 0.0〜1.0 の間の値を表現するときには最適な選択ともなりえます。また、GPU が半精度浮動小数点数をサポートしていることもあり、その場合はデータを圧縮する際に使った

りします。むしろ、半精度浮動小数点数はデータの圧縮を目的としている形式だと言えます。そのため、通常の計算に主眼を置くCPU側ではサポートされておらず、一般的な計算の際に半精度浮動小数点数を用いることはめったにありません。

倍精度浮動小数点数はビット数が多いため表現範囲が広大で、精度も非常に高いのですが、浮動小数点数に比べて処理する速度が遅くなります。また、データサイズも大きくなってしまいます。さらに、浮動小数点数で十分なことが実際上多いので、倍精度浮動小数点数はほとんど使われません。

コラム：FPU

小数を表現する2つの方法で、表現の幅と精度の面で浮動小数点数のほうが固定小数点数よりも優れているように思われますが、初代PlayStationあたりのゲーム機（2000年くらい）までは、固定小数点数が使われることのほうが一般的でした。

その理由を探るために、浮動小数点数の演算（加算や減算）に注目してみましょう。固定小数点数では、難しく考えなくても、ビット単位の操作で加算や減算ができることを説明しました。一方、浮動小数点数では、その構成から、単純にビット単位の操作で演算を行うことはできません。例えば2つの値を加算する場合でも、両者の符号部、指数部、仮数部をきちんと解析した上で計算を行い、新しい浮動小数点数を設定する必要があります。CPUにとって、これはたいへんな手間なのではないかと想像されます。

先にPlayStationを引き合いに出しましたが、このあたりのゲーム機でも浮動小数点数を計算させること自体は可能です。しかし、処理に時間がかかります。そこで、浮動小数点数の演算を高速に行うための機構が考え出されました。**FPU**（Floating Point number processing Unit、浮動小数点数演算装置）と呼ばれるもので、CPUと連携して浮動小数点数の演算を行います。

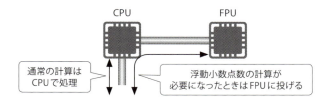

> FPUは浮動小数点数の演算に特化したものなので、非常に速く計算が行えます。昔はFPU自体が拡張機器としてCPUと連携を取る形態になっていましたが、最近ではCPU内にFPUに相当する演算機能が組み込まれているのが一般的になったので、現在ではFPUを特別に意識することはありません。
>
> よって浮動小数点数を使うことにも特別な意識も持たなくて良くなりましたが、固定小数点数でゲームを作っていた時代があるということを考えると、固定小数点数も利用価値があるということも逆説的に言えます。そういう意識も持っておくと有意義なのではと筆者は思います。

4.7：まとめ

本章では、2進数や16進数、浮動小数点数など、普段見慣れない表現がいくつか登場しましたが、これらはあくまで、コンピュータが解釈しやすいように作られたものです。見た目に違和感はあるかもしれませんが、「数」であることには変わりありません。とにかく行き詰まったら、基本に立ち返って10進数で考えてみてください。数を扱うことの本質は、2進数も10進数も同じです。

ただし、コンピュータで表現する数値には、メモリの制限などに起因する限界が伴います。プログラミングをする際には、この点に注意する必要があります。

逆に、メモリの特性などを押さえた上で数値表現を眺めてみると、高い精度を得るための工夫などに気付き、深い驚きを覚えます。余裕が出てきたら、このあたりについても注意を払ってみてください。そうすれば、数学や数字がぐっと身近なものになるはずです。

Chapter 5
3Dグラフィックスの数学

ゲームプログラミングにはある程度の数学の知識が求められます。とりわけ、3Dグラフィックスに関連する処理では、ベクトルやマトリクスを日常的に利用します。しかしゲームで使われるのは、数学の中のごく一部分に限られます。

本章では、この「一部分」に焦点を合わせて、基本的なところから順を追って説明します。3Dグラフィックスで必要となる一通りの知識が、本章から得られるはずです。

5.1：ゲーム開発と数学

ゲームプログラミングをする上で、避けて通ることのできない学問分野があります。数学です。キャラクターを動かす、絵を描く、音を鳴らすなど、ゲーム中の様々な箇所で数学の知識が必要になってきます。とりわけ 3D グラフィックスに関連する処理では、ベクトルやマトリクス（matrix、行列）が頻繁に登場します。

世間一般に、特に文系の方には、数学にはとっつきにくいイメージがあるかもしれません。しかしゲームで使われるのは数学のごく一部にすぎません。ゲームプログラマも定理や公式を全て覚えているわけではなく、必要に応じて調べながらプログラムを組んでいます。

本章では、数式主体というよりも、ゲームプログラムでの数学との付き合い方、考え方について説明します。3D グラフィックスで必要となる基本的な数学に焦点を合わせて、最も簡単なところから話を進めていきます。肩の力を抜いて、気軽に取り組んでみてください。

5.2：3次元空間の座標系

まずは3次元（3D）空間の座標について見てみましょう。「3次元」の「3」という数字が示しているように、3次元空間の1つの点を表すには3つの数が必要になります。本書では、それらのそれぞれをアルファベットのX、Y、Zで表します。このX、Y、Zをひとまとまりにしたものを**座標**と呼びます。通常、括弧でくくって、(X, Y, Z) と表記します。

座標を表すそれぞれの成分がどういった値をとるかは、**座標軸**によって決まります。3次元空間に直交する3本の直線を置き、それらの交点を0とすれば、3つの座標値をうまく表すことができます。この3本の直線を座標軸と言い、それぞれX軸、Y軸、Z軸と呼ぶことにしましょう。座標軸先端の矢印が向いている方向が正（プラス）となります。ゲームでは一般的に、X軸とZ軸とよって成される面を水平面として扱います。そしてY軸は、上下を表すものとして扱われます。

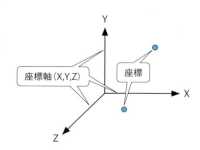

前のページの図に描かれているのは**右手座標系**と呼ばれるものです。その逆で、**左手座標系**というものも存在します。右手座標系と左手座標系のどちらが一般的ということは特にありませんが、本書では右手座標系で話を進めます。

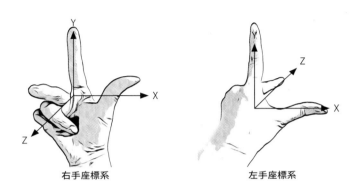

ゲームでは、3次元空間上の座標の集合でプレイヤーや建物などの形状を構築し、画面に表示します。

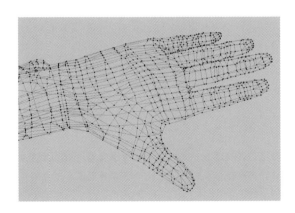

上の図では、座標の集合によって手の形状を表しています。このようにプレイヤーなどを構成する座標のことを**頂点**と呼びます。ただし頂点には、「X、Y、Z」の座標値だけではなく、キャラクターを個性的に見せるために必要なデータも含まれます。

5.3：座標とベクトル

座標

ここでは、実際のゲームプログラミングにおいて座標がどのように使われるのかを説明します。

座標はX、Y、Zの3つの要素で構成されるわけですが、それぞれの要素を整数で表したのでは細かい制御ができません。そこで、4.6節で紹介した浮動小数点数を使います。浮動小数点数は4バイトなので、「X、Y、Z」の3つで12バイトになります。

しかし、プログラムの都合上、「X、Y、Z」に「W」という要素を追加して、4要素にします。このWというのも浮動小数点数で、常に **1.0** としておきます（W要素の詳細については5.6節で説明します）。

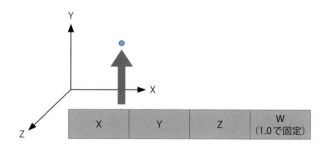

ベクトル

位置を表現する座標に加えて、**ベクトル**という概念も存在します。ベクトルとは方向を指し示すもので、座標系の図では矢印で表現することが一般的です。

ベクトルは方向ですので、ゲームでは、プレイヤーが移動する方向や光の当たる方向などを指示するために使われます。ベクトルも基本的には「X、Y、Z」の3要素で構成されますが、プログラミングにおいては座標と同様にW要素を加えて、4要素とします。ただしベクトルの場合は、W要素を **0.0** とします（理由は5.6節で説明します）。

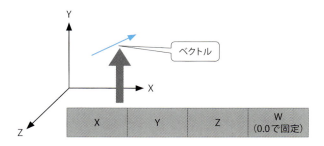

次の図に示すように、座標にベクトルを加えると、移動後の座標を取得できます。

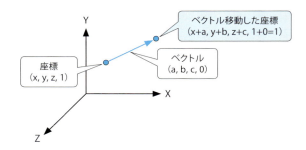

座標から座標を引くと、ベクトルになります。こうすることで、ある点からある点までの方向を知ることができます。

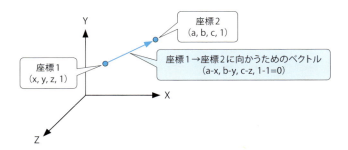

ベクトルは方向を表す概念です。状況によっては、ベクトルの方向だけが重要なのであり、その長さには関心がない、ということがあります。こういった場合、ベクトルの長さを1に固定しておくとプログラミングをする上で好都合です。ベクトルの長さを1にすることを**正規化**と言います。

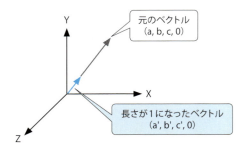

5.4：マトリクス

ゲームでは、プレイヤーや敵が移動したり方向転換したりします。 場合によっては巨大化するかもしれません。 そういった際には、プレイヤーや敵の形状を構成する頂点などを変換する必要が生じます。

座標や頂点、あるいはベクトルを変換するために必要となるのが**マトリクス**です。代数幾何の世界では「行列」とも呼ばれているものです。 高校数学で行列を学ぶ機会があったかもしれませんが、そのときの行列は主に2行2列のものだったと思います。 しかしゲームで使う行列、つまりマトリクスは4行4列のものが中心になります。

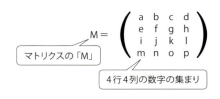

4行4列のマトリクスは16個の浮動小数点数で構成されます。 次のように、座標やベクトルを掛け合わせて利用します。

$$\begin{pmatrix} X' \\ Y' \\ Z' \\ W' \end{pmatrix} = \begin{pmatrix} a & b & c & d \\ e & f & g & h \\ i & j & k & l \\ m & n & o & p \end{pmatrix} \times \begin{pmatrix} X \\ Y \\ Z \\ W \end{pmatrix}$$

(X',Y',Z',W') は、マトリクスと (X,Y,Z,W) を掛け合わせた結果です。 この4行4列のマトリクスによって、(X,Y,Z,W) が (X',Y',Z',W') に変換された、ということになります。

次の図は、上記の演算がどのように行われているかを示しています。

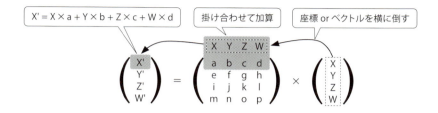

5.5：マトリクスによる変換

単位マトリクス

マトリクスによる変換には「拡大縮小」「回転」「平行移動」があります。 ここでは、それぞれの変換について詳しく見ていきますが、その前に「単位マトリクス」というものを紹介します。

単位マトリクスというのは、座標やベクトルに掛け合わせても結果が全く変化しないマトリクスのことで、数式では「E」と表記します。次のような要素で構成されます。

$$E = \begin{pmatrix} 1 & 0 & 0 & 0 \\ 0 & 1 & 0 & 0 \\ 0 & 0 & 1 & 0 \\ 0 & 0 & 0 & 1 \end{pmatrix}$$

単位マトリクスと (X, Y, Z, W) を掛け合わせた結果は (X, Y, Z, W) となります。つまり、元の座標（もしくはベクトル）に対して、何の変換も行われません。

$$\begin{pmatrix} X \\ Y \\ Z \\ W \end{pmatrix} = \begin{pmatrix} 1 & 0 & 0 & 0 \\ 0 & 1 & 0 & 0 \\ 0 & 0 & 1 & 0 \\ 0 & 0 & 0 & 1 \end{pmatrix} \times \begin{pmatrix} X \\ Y \\ Z \\ W \end{pmatrix}$$

「座標やベクトルを処理するために必ずマトリクスを掛け合わせなければならないが、変換はしたくない」といった場合に単位マトリクスは使われます。

拡大縮小

拡大縮小は、X軸、Y軸、Z軸のそれぞれに対して行えます。次のような効果が得られます。

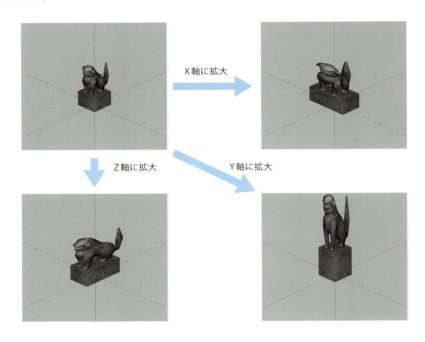

拡大縮小のためのマトリクスは、次のようになります。

$$Ms = \begin{pmatrix} S_x & 0 & 0 & 0 \\ 0 & S_y & 0 & 0 \\ 0 & 0 & S_z & 0 \\ 0 & 0 & 0 & 1 \end{pmatrix}$$

S_x, S_y, S_z はそれぞれX軸、Y軸、Z軸に対する倍率

S_x、S_y、S_z というのが、X軸、Y軸、Z軸のそれぞれに対しての拡大縮小率になります。拡大縮小率が全て1.0の場合は単位マトリクスと同等になります。

座標（またはベクトル）に掛け合わせた結果は、次のようになります。

$$\begin{pmatrix} X \times S_x \\ Y \times S_y \\ Z \times S_z \\ W \end{pmatrix} = \begin{pmatrix} S_x & 0 & 0 & 0 \\ 0 & S_y & 0 & 0 \\ 0 & 0 & S_z & 0 \\ 0 & 0 & 0 & 1 \end{pmatrix} \times \begin{pmatrix} X \\ Y \\ Z \\ W \end{pmatrix}$$

W要素を除く全てに倍率が掛かる　　拡大縮小マトリクス　　座標 or ベクトル

回転

回転も、拡大縮小と同様、X軸、Y軸、Z軸のそれぞれに対して行えます。特にY軸回転は、キャラクターの方向転換を行うのに適しています。

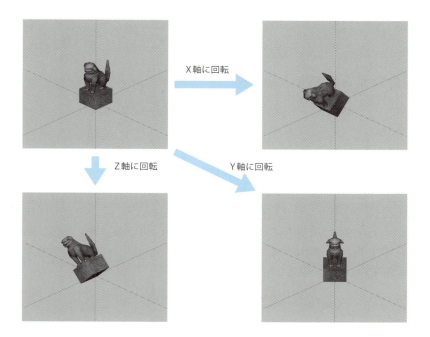

回転のマトリクスは、どの軸に対して回転させるのかによって少しずつ違います。それぞれ、次のようになります。

X軸に対する回転

$$Mr_x = \begin{pmatrix} 1 & 0 & 0 & 0 \\ 0 & \cos\theta_x & -\sin\theta_x & 0 \\ 0 & \sin\theta_x & \cos\theta_x & 0 \\ 0 & 0 & 0 & 1 \end{pmatrix}$$

X軸に対する回転マトリクス　　θ_xはX軸に対する回転量

Y軸に対する回転

$$Mr_y = \begin{pmatrix} \cos\theta_y & 0 & \sin\theta_y & 0 \\ 0 & 1 & 0 & 0 \\ -\sin\theta_y & 0 & \cos\theta_y & 0 \\ 0 & 0 & 0 & 1 \end{pmatrix}$$

Y軸に対する回転マトリクス　　θ_yはY軸に対する回転量

Z軸に対する回転

$$Mr_z = \begin{pmatrix} \cos\theta_z & -\sin\theta_z & 0 & 0 \\ \sin\theta_z & \cos\theta_z & 0 & 0 \\ 0 & 0 & 1 & 0 \\ 0 & 0 & 0 & 1 \end{pmatrix}$$

Z軸に対する回転マトリクス　　θ_zはZ軸に対する回転量

sinやcosといった三角関数が含まれていますが、難しく考える必要はありません。プロのプログラマでも意識せずに使うことがほとんどです。θ_x、θ_y、θ_zが、それぞれの軸に対する回転量になります。これも、拡大縮小の場合と同様、回転量が0のときは単位マトリクスと同等になります。

座標（またはベクトル）に掛け合わせた結果は、次のようになります。

$$\begin{pmatrix} X' \\ Y' \\ Z' \\ W' \end{pmatrix} = \begin{pmatrix} \bullet & \bullet & \bullet & \bullet \\ \bullet & \bullet & \bullet & \bullet \\ \bullet & \bullet & \bullet & \bullet \\ \bullet & \bullet & \bullet & \bullet \end{pmatrix} \times \begin{pmatrix} X \\ Y \\ Z \\ W \end{pmatrix}$$

回転後の結果（Wは変わらない）　　回転マトリクス　　座標 or ベクトル

平行移動

平行移動も、拡大縮小や回転と同様、X軸、Y軸、Z軸のそれぞれに対して行えます。キャラクターや敵の移動を行う上で、とても重要な変換です。

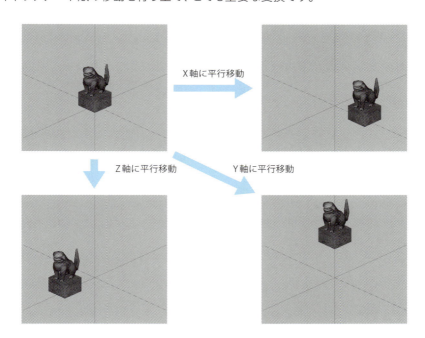

平行移動のマトリクスは次のようになります。

$$Mt = \begin{pmatrix} 1 & 0 & 0 & T_x \\ 0 & 1 & 0 & T_y \\ 0 & 0 & 1 & T_z \\ 0 & 0 & 0 & 1 \end{pmatrix}$$

T_x、T_y、T_zはそれぞれX軸、Y軸、Z軸に対する移動量

T_x、T_y、T_zが平行移動量を表します。これらが全て0のときは単位マトリクスと同等になります。

座標(またはベクトル)に掛け合わせた結果は、次のようになります。

$$\begin{pmatrix} X+T_x \times W \\ Y+T_y \times W \\ Z+T_z \times W \\ W \end{pmatrix} = \begin{pmatrix} 1 & 0 & 0 & T_x \\ 0 & 1 & 0 & T_y \\ 0 & 0 & 1 & T_z \\ 0 & 0 & 0 & 1 \end{pmatrix} \times \begin{pmatrix} X \\ Y \\ Z \\ W \end{pmatrix}$$

- W要素を除く全てに平行移動が掛かる
- 平行移動マトリクス
- 座標 or ベクトル

変換結果に注意してください。拡大縮小や回転とは違って、変換結果のX、Y、Z要素にW要素がからんでいます。座標やベクトルを表現する上では不要とも思えるW要素ですが、実はここに存在価値があります。

5.6：W要素の必要性

座標は3次元空間上の位置を表すもので、マトリクスによる拡大縮小、回転、平行移動の全ての影響を受けます。一方のベクトルは方向を指し示すものです。方向は、回転や拡大縮小の影響を受けます。しかし座標と違って方向は実体を持ちません。そのため平行移動の影響はいっさい受けません。

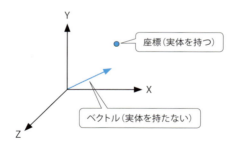

両者がどの影響を受けるのか、表にまとめてみましょう。

	拡大縮小	回転	平行移動
座標	○	○	○
ベクトル	○	○	×

このように、平行移動処理の影響を受けるか受けないかというのが、座標とベクトルを処理する上で重要な違いとなってきます。

ここで、平行移動のマトリクスを、座標とベクトルのそれぞれに掛け合わせた結果を見てみましょう。

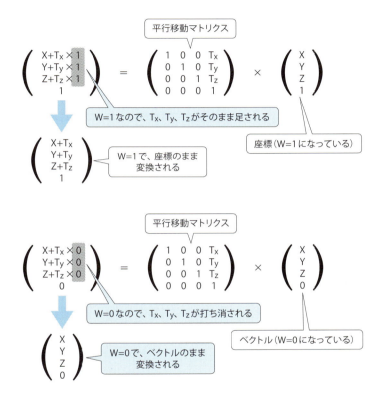

5.3節で述べたように、座標の場合はW要素が1.0になっています。そのため、元の座標(X,Y,Z)の各成分に、それぞれの平行移動量T_x、T_y、T_zがそのまま加算されます。つまり、平行移動が行われるということです。

これに対してベクトルのW要素は0.0ですから、T_x、T_y、T_zのそれぞれに0が掛けられることになり、平行移動が打ち消されます。

座標とベクトルのW要素をそれぞれ適切に設定したおかげで、両者の平行移動が正しく処理される、ということです。

なお、W要素自体は、マトリクスによる変換後も影響を受けないようにする必要があります（座標なら変換後も1.0でなければならないし、ベクトルなら変換後も0でなければなりません）。そのため、変換マトリクス最下行の左側3要素は全て0になっています。次の図を見ると分かるように、こうなっていれば変換後もW要素の値は変化しません。

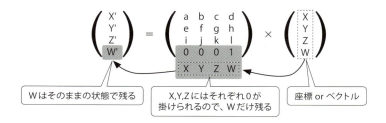

ゲームプログラミングにおいては、座標とベクトルの違いをきちんと把握しておくことが非常に重要です。W要素の値には、常に注意を払わなければなりません。

5.7：マトリクスの掛け算

ここまでに「マトリクス×座標」あるいは「マトリクス×ベクトル」という掛け算は見てきましたが、「マトリクス×マトリクス」という掛け算も存在します。それについてここで詳しく見ていきますが、その前に、まずは普通の整数の掛け算についておさらいしましょう。

例として、2と3と4の掛け算を考えます。

　　　2×3×4 ＝ 24

当然、答えは24になります。ところで上記の式は、2に対して3を掛け、その答えに対して4を掛けています。この順序を入れ替えるとどうなるでしょうか。

　　　2×4×3 ＝ 24
　　　3×2×4 ＝ 24
　　　3×4×2 ＝ 24
　　　4×2×3 ＝ 24
　　　4×3×2 ＝ 24

このように、順序を入れ替えても結果は変わりません。この点を踏まえて、マトリクス同士の掛け算を見てみましょう。次のように計算します。

$$a' = a \times A + b \times E + c \times I + d \times M$$

$$\begin{pmatrix} a' & b' & c' & d' \\ e' & f' & g' & h' \\ i' & j' & k' & l' \\ m' & n' & o' & p' \end{pmatrix} = \begin{pmatrix} a & b & c & d \\ e & f & g & h \\ i & j & k & l \\ m & n & o & p \end{pmatrix} \times \begin{pmatrix} A & B & C & D \\ E & F & G & H \\ I & J & K & L \\ M & N & O & P \end{pmatrix}$$

計算は非常に手間が掛かりますが、このように行われます。通常の掛け算では乗算の順番を入れ替えても結果が変わりませんが、行列ではどうでしょうか？　具体的な数字を入れた行列で試してみましょう。

$$a' = 1 \times 1 + 5 \times 5 + 9 \times 9 + 13 \times 13 = 276$$

$$\begin{pmatrix} a' & b' & c' & d' \\ e' & f' & g' & h' \\ i' & j' & k' & l' \\ m' & n' & o' & p' \end{pmatrix} = \begin{pmatrix} 1 & 5 & 9 & 13 \\ 2 & 6 & 10 & 14 \\ 3 & 7 & 11 & 15 \\ 4 & 8 & 12 & 16 \end{pmatrix} \times \begin{pmatrix} 1 & 2 & 3 & 4 \\ 5 & 6 & 7 & 8 \\ 9 & 10 & 11 & 12 \\ 13 & 14 & 15 & 16 \end{pmatrix}$$

$$a' = 1 \times 1 + 2 \times 2 + 3 \times 3 + 4 \times 4 = 30$$

$$\begin{pmatrix} a' & b' & c' & d' \\ e' & f' & g' & h' \\ i' & j' & k' & l' \\ m' & n' & o' & p' \end{pmatrix} = \begin{pmatrix} 1 & 2 & 3 & 4 \\ 5 & 6 & 7 & 8 \\ 9 & 10 & 11 & 12 \\ 13 & 14 & 15 & 16 \end{pmatrix} \times \begin{pmatrix} 1 & 5 & 9 & 13 \\ 2 & 6 & 10 & 14 \\ 3 & 7 & 11 & 15 \\ 4 & 8 & 12 & 16 \end{pmatrix}$$

行列の左上の部分だけ着目した計算でしたが、それだけでも結果が異なっているのが分かります。これは、通常の数値の掛け算とは全く異なる性質です。このような特殊な性質を持つマトリクス同士の掛け算ですが、実際にゲームプログラミングで使うことがあるのでしょうか？　実は、このマトリクス同士の掛け算は非常に重要です。

5.5節で拡大縮小、回転、平行移動を行うマトリクスを紹介しました。キャラクターを移動させたり、キャラクターの姿勢を制御したりするのに、これら3つのマトリクスを用意するものとしましょう。4バイトの浮動小数点数が4×4個で1つのマトリクスです。これが3つ必要となると192バイトにもなります。

そこで、マトリクス同士の掛け算を利用します。この掛け算によって、複数の変換を1つにまとめることができるのです。拡大縮小、回転、平行移動のマトリクスをそれぞれMs、Mr、Mtとします。そして、次のような掛け算を考えます。

$$M = Mt \times Mr \times Ms$$

Mが最終的に得られるマトリクスです。このMは、MtにMrを掛け、その結果にMsを掛けた結果です。つまりMは、「最初に拡大縮小をし、次に回転を行い、最後に平行移動を行う」マトリクスです。このように変換を1つにまとめてくれるマトリクス同士の掛け算は、ゲームプログラミングにおいて非常に重要な計算です。

5.8：変換の順序

マトリクス同士の掛け算によって変換を1つにまとめられる話をしましたが、ここでは、掛け算の順序によってどのように結果が変わってくるのかについて見ていきます。

例として、(1,1,1)という座標に対する「拡大縮小→回転→平行移動」と、「平行移動→回転→拡大縮小」とを比較してみましょう。まずは実際に画面上で座標を動かしてみます。両者の結果はそれぞれ次のようになります。

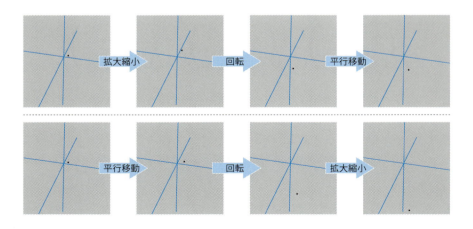

ご覧のように、変換の順序によって結果が全く異なります。マトリクス同士の掛け算も同様の性質を持ち、掛け算の順序と変換の順序が完全に対応しています。次のように計算した場合、

  M1 = Mt×Mr×Ms
  M2 = Ms×Mr×Mt

  Mt：(1,2,3)だけ平行移動する
  Mr：X軸に90度、回転する
  Ms：Y軸方向に2倍拡大する

M1は「拡大縮小→回転→平行移動」を行うマトリクスとなり、M2は「平行移動→回転→拡大縮小」を行うマトリクスとなります。

このように、マトリクス同士の掛け算においては順序が非常に重要です。順序を間違うと意図しない結果になってしまうので、注意しなければなりません。

5.9：逆マトリクス

整数に逆数があるように、マトリクスには**逆マトリクス**が存在します。ある数 a とある数 b を掛け合わせた結果が 1 になるとき、「b は a の逆数である」と言います。同様に、あるマトリクス M1 とあるマトリクス M2 とを掛け合わせた結果が単位マトリクス (E) になるとき、「M2 は M1 の逆マトリクスである」と言います。ある数 a の逆数を a^{-1} と表記するのと同様に、あるマトリクス M の逆マトリクスは M^{-1} と表記します。

$$E = M \times M^{-1}$$
$$E = M^{-1} \times M$$

掛ける方向関係なく、元のマトリクスとその逆マトリクスを掛けると単位マトリクスになる

逆マトリクスには重要な性質があります。元のマトリクスとは逆の変換を表すという点です。では、「逆の変換」とはどのようなことを指すのでしょう？

5.5 節で紹介した「拡大縮小」「回転」「平行移動」の各マトリクスについて、逆の変換とは次のようなものになります。

拡大縮小
Ms：Y軸方向に2倍拡大する
Ms^{-1}：Y軸方向に1/2倍拡大する

回転
Mr：X軸に90度、回転する
Mr^{-1}：X軸に-90度、回転する

平行移動
Mt：(1,2,3)だけ平行移動する
Mt^{-1}：(-1,-2,-3)だけ平行移動する

つまり、変換Xを行ったあと変換X^{-1}を行った場合、あるいは逆に変換X^{-1}を行ったあと変換Xを行った場合、何も起こらなかったのと同じ結果になる、ということです。さらに、「変換Xを行ったあと変換X^{-1}を行う」というのは、「マトリクスXとX^{-1}を掛け合わせた結果得られるマトリクスによって変換を行う」ということです（5.7節参照）。この場合、掛け合わせた結果得られるマトリクスとは単位マトリクスです。単位マトリクスの性質を覚えているでしょうか？　座標やベクトルに掛け合わせても、何も変化しないのでしたね（5.5節参照）。

ここまでのところをまとめてみましょう。

- マトリクスMの逆マトリクスはM^{-1}と表記する
- 「$M \times M^{-1} = M^{-1} \times M = E$」が常に成り立つ
- 上記の式から、「$M \times M^{-1}$」および「$M^{-1} \times M$」による変換を施しても、座標やベクトルは変化しない

これでかなり頭が整理できてきたのではないでしょうか。そこで、もう少し複雑な例を見てみましょう。次のような変換マトリクスMについて考えます。

$$M = Mt \times Mr \times Ms$$

Mt：(1,2,3)だけ平行移動する
Mr：X軸に90度、回転する
Ms：Y軸方向に2倍拡大する

マトリクスMは、計算順序も考慮して、「Y軸方向に2倍拡大し、その後X軸に対して90度回転させ、最後に(1,2,3)だけ平行移動する」というものになります。

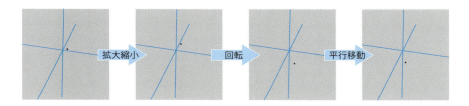

このMの逆マトリクスM^{-1}は、次の式で表せます。

$M^{-1} = Ms^{-1} \times Mr^{-1} \times Mt^{-1}$

3つの変換マトリクスの逆マトリクスを逆の順序で掛け合わせたものです。なぜ逆の順序になるのでしょうか？ MとM^{-1}を掛け合わせると単位マトリクスになるはずです。そこから確認してみましょう。

$E = M^{-1} \times M$

右辺のM^{-1}とMを展開します。

$E = Ms^{-1} \times Mr^{-1} \times Mt^{-1} \times Mt \times Mr \times Ms$
$E = Ms^{-1} \times Mr^{-1} \times E \times Mr \times Ms$
$E = Ms^{-1} \times Mr^{-1} \times Mr \times Ms$
$E = Ms^{-1} \times E \times Ms$
$E = Ms^{-1} \times Ms$
$E = E$

このようにそれぞれの変換が打ち消されあい、最終的には単位マトリクスになります。つまり、逆の順序にすることで正しい結果が得られるということです。

ここで紹介した逆マトリクスは、後述するアニメーションの計算やビルボードなどで利用されます。

5.10：クォータニオン

ここまでに見てきたマトリクスは、変換を表すのに最適なツールだと言えます。掛け合わせることによって複数の変換を 1 つのマトリクスにまとめることもでき、とても使い勝手の良いものです。

ただし、16 個の浮動小数点数が必要になるのは若干の重荷です。浮動小数点数は基本的に 4 バイトですので、16×4 = 64 バイトが必要になります。最近のゲーム機はメモリを多く積んでいるのであまり神経質に考える必要はないのですが、あるマトリクスが「平行移動しかしない」あるいは「回転しかしない」と分かっている場合には、無駄なメモリを消費することになります。

それに対して、ここで紹介する**クォータニオン**（四元数とも呼ばれます）は、4 つの浮動小数点数で管理できます。回転に特化したものではありますが、メモリ使用量が大幅に抑えられます。クォータニオンは、次のように表現されます。

$$Q = (t; x, y, z)$$

このクォータニオンのメリットとしては、たったの 16 バイトで表現できるということに加えて、**ジンバルロック**を回避できるということがあります。

マトリクスによる回転は X、Y、Z のそれぞれの軸ごとに行うものでした。この方法で目的の姿勢を再現しようとする場合、回転の角度や順序によっては回転の自由度が下がってしまうことがあります。本来なら 3 軸に対して回転できたものが、2 軸に対してしか回転できなくなる、といったことが起こりうるのです。これがジンバルロックです。クォータニオンを使えば、常に任意の軸に対して回転を行うことが可能となります。

さらに、クォータニオンを用いることで、球面上の 2 点の最短距離を移動させるような変換も行えます。

また、クォータニオンはマトリクスに変換することができます。

$$Q \rightarrow Mr$$

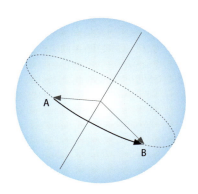

平行移動と回転をからめるような場合には、一時的にマトリクスに変換して処理します。

5.11：座標系

ここまでは座標やベクトル、マトリクスといった基礎的な部分に焦点を合わせてきましたが、ここからは実際にゲームの世界にプレイヤーや敵を配置する際の話題を取り上げます。

プレイヤーや敵といったオブジェクトは座標を持っており、その座標に基づいてゲームの世界に配置されます。実際にどの位置に配置されるかは、座標系によって決まります。

ゲームプログラミングにおいては、管理のしやすさや目的に応じて、次の4つの座標系を使います。

- ローカル(Local)座標系
- ワールド(World)座標系
- ビュー(View)座標系
- プロジェクション(Projection)座標系

これらの座標系を使い分けながらプログラムを組んでいきますが、最終的にはプロジェクション座標系に変換してディスプレイに出力します。

　　　　ローカル座標系→ワールド座標系→ビュー座標系→プロジェクション座標系

座標系の変換にはマトリクスが利用されますが、そのためのマトリクスを、それぞれ「ワールドマトリクス」「ビューマトリクス」「プロジェクションマトリクス」と呼びます。これから、それぞれの座標系について説明していきます。

5.12：ローカル（Local）座標系

ゲームでは、必要に応じてプレイヤーや敵、背景のオブジェクトをゲームの世界に配置します。それぞれのオブジェクトには形状がありますが、**ローカル座標系**は、そのオブジェクト単体の座標を管理するためのものです。オブジェクトごとにローカルな座標系を持たせることで、ゲーム世界に配置しやすくなります。

図を見ると分かるように、各オブジェクトの根元付近に原点が据えられています。これも、配置をしやすくするための工夫です（詳細については次節で述べます）。

5.13：ワールド（World）座標系

各オブジェクトは、実際のゲームの世界に配置されなければなりません。この「実際のゲームの世界」の座標系のことを**ワールド座標系**と言います。

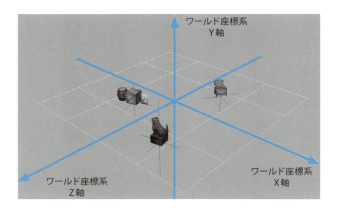

各オブジェクトをローカル座標で管理したのは、それぞれを配置しやすくするためです。というのは、**ワールドマトリクス**が1つあれば、それぞれのオブジェクトをワールド座標系に簡単に配置できるからです。次の図に示すように、複数個のオブジェクトも簡単に配置できます。

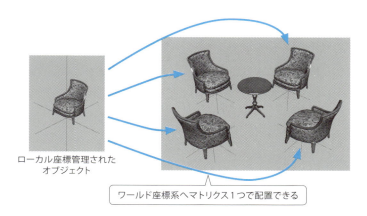

ローカル座標管理された
オブジェクト

ワールド座標系へマトリクス1つで配置できる

配置する際の工夫のひとつとして、ローカル座標系において、オブジェクトの足元や根元に原点に据えるというものがあります。足元や根元というのは配置の際の基準点になりますが、この基準点と原点とが一致していたほうが便利なのです。次の図を見てください。

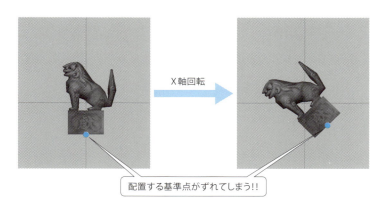

X軸回転

配置する基準点がずれてしまう!!

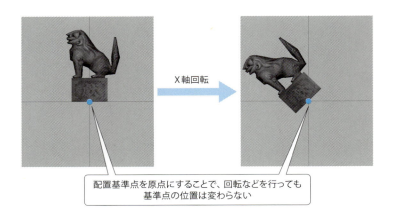

配置基準点を原点にすることで、回転などを行っても
基準点の位置は変わらない

前のページの図ではオブジェクトの中央付近が原点になっていますが、これだと回転の際に基準点がずれてしまい、ワールド座標系に配置する際に融通が利きません。一方、このページの図（上の図）ではオブジェクトの根元付近が原点になっています。こちらは回転しても基準点が変わらず、凝った配置が可能になります。このことは、拡大縮小のときも同様です。

5.14：ビュー（View）座標系

前節で、各オブジェクトをワールド座標系に配置しました。さて、実際のゲームではどのあたりをディスプレイに表示しなければならないでしょう？　それを判断するために、ワールド座標系にカメラを配置します。このカメラは、現実世界のカメラと同じで、風景や動いているものを撮影します。そしてその像を画面に投影することになります。

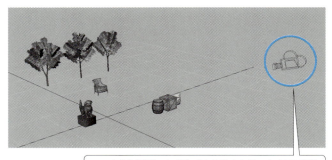

ワールド座標系にオブジェクトを映すためのカメラを設置

このカメラに映る風景が、実際にディスプレイに表示されます。ではここで、「ビュー座標系」とはどういったものなのでしょう？ ディスプレイに表示させる処理を考えた場合、カメラに原点を据えて、それに合わせて周辺オブジェクトを変換すると処理がとてもスムーズに行えます。 この、カメラに原点を据えた座標系を**ビュー座標系**と言います。（ビュー（View）は「視界」という意味です）

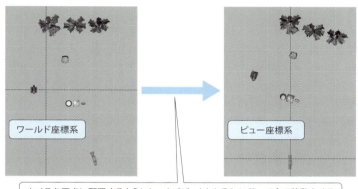

カメラを原点に配置するようにし、オブジェクトもそれに伴って全て移動させる

ビュー座標系への変換は、カメラの配置マトリクスの逆マトリクスを掛け合わせることによって実現します（**ビューマトリクス**）。「カメラを原点に置く＝カメラが原点に来るようなマトリクスを掛ける」であることから、カメラの逆マトリクスを掛ければ良いということになります。

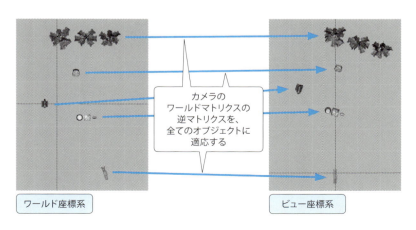

ビュー座標系を用いることによってカメラからオブジェクトまでの距離が分かるので、それに応じた処理を施すことが可能になります。

5.15：カメラについて

プロジェクション座標系の説明に入る前に、カメラについてもう少し説明します。ゲームで使われるカメラには、代表的なものが2つあります。

- 透視投影（Perspective Projection）のカメラ
- 正投影（Ortho Projection）のカメラ

これらの違いは、遠近法を考慮しているかしていないかという点にあります。**遠近法**というのは、近くのものが大きく見え、遠くのものが小さく見えるようにした表現方法です。実際に人間の目で見た映像もそのようになっているはずです。

透視投影（Perspective Projection）のカメラ

透視投影（Perspective Projection）のカメラは遠近法を加味しています。カメラを頂点として、そこからピラミッド状に視界を広げていくイメージです。

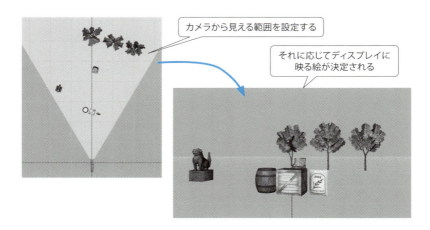

人間の視覚に近いので馴染みやすく、プレイヤーや敵などの3Dオブジェクトを映す場合にはまずこのカメラが使われます。この透視投影においてピラミッド状に広がっている視界のことを視錐台と言います。

また、透視投影のピラミッドの広がり方は、調整することが可能です。上もしくは横から見たときに視錐台は三角形になりますが、その頂点の角度を変更することが可能だということです。この角度のことを画角と言います。画角を調整することで、ズームイン（絵を大きく捉えること）やズームアウト（全体を大きく映そうとすること）の効果が得られます。

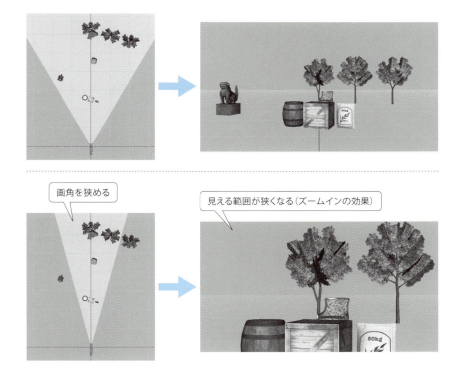

正投影（Ortho Projection）のカメラ

正投影（Ortho Projection）のカメラは遠近法を無視します。視界をボックス状に捉えるイメージです。

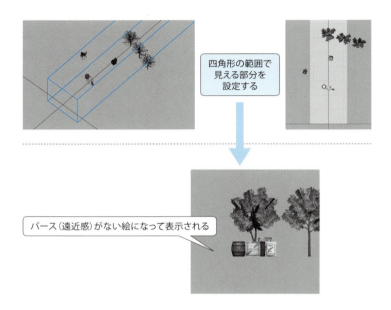

このように、遠くのものも近くのものも同じような大きさで映し出されます。実際に生活している上ではあまり馴染みのないカメラだと言えます。しかしゲームでは、体力ゲージや文字などの 2D の表示物を映すのに利用されます。3D オブジェクトを映すのにはあまり利用されません。

この正投影のカメラでも視錐台を変更できます。ボックス状の縦横を変更することで調整が可能です（次のページの上の図参照）。

near面とfar面

透視投影のカメラと正投影のカメラのいずれにおいても、見える距離を設定する必要があります。コンピュータで処理する以上、処理能力には限界があり、無限の彼方まで見えるようにすることはできません。また、実際のところ、ある程度の距離までが見えていればゲームは十分に成立します。

5.15：カメラについて 143

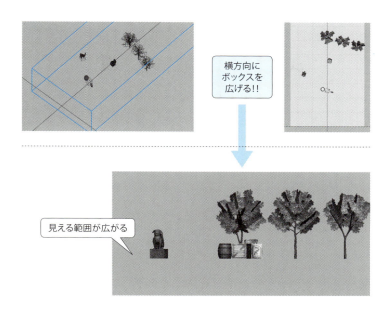

視錐台において、見え始める距離の面を **near 面**と言い、見えなくなる限界の距離の面を **far 面**と言います。near、far はそれぞれ「近い」「遠い」という意味です。

near 面と far 面によって見える範囲を制限することは、ゲームの処理を適切に行う上でとても重要です。

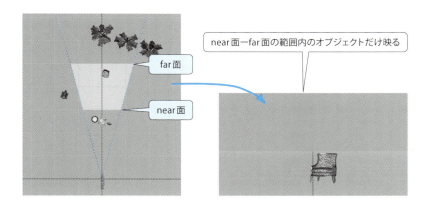

5.16：プロジェクション（Projection）座標系

カメラにまつわるいろいろな要素について紹介してきましたが、カメラの種類の選択、視錐台の調整、near面とfar面の設定といったことは、どの時点で行うべきでしょうか。ビュー座標系に変換する時点では、カメラを原点に据える変換が行われるだけで、上記の作業は行われません。これらは、**プロジェクション座標系**への変換時に行います。ビュー座標系からプロジェクション座標系に変換された画像は次のようなものとなります。

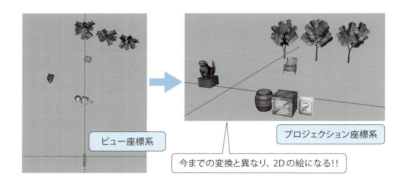

プロジェクション座標系に変換された時点で、オブジェクトは3次元ではなくなります。カメラの種類、視錐台、near面、far面を考慮した2次元の絵になります。つまりプロジェクション座標系とは、2次元であるディスプレイに表示するための座標系です。（プロジェクションは訳すと「投影」という意味になります。）

プロジェクション座標系に変換するための**プロジェクションマトリクス**は、ワールドマトリクスやビューマトリクスと大きく異なり、回転、拡大縮小、平行移動で構成されるものではありません。特殊なマトリクスになります。右のマトリクスは、透視投影のプロジェクションマトリクスです。

拡大縮小、回転、平行移動のマトリクスと特に異なるのは、1番下の行にも数字が入り込んでいる点です。

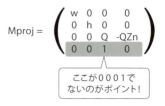

プロジェクション座標系への変換は、プロジェクションマトリクスを掛け合わせるだけでは済みません。もう１つ、計算を挟む必要があります。詳細は割愛しますが、その際にこの１番下の行の数値が活きてきます。

5.17：座標系の変換を楽にする工夫

様々な座標系と、それぞれのマトリクスについて説明してきました。いずれの場合も基本となるのは、マトリクスによる変換です。そのため、あらかじめマトリクスを掛け合わせて１つのマトリクスにしておけば、管理が楽になります。

具体的には、ワールドマトリクスはそれぞれのオブジェクトに持たせておきます。オブジェクトの配置情報はオブジェクトごとに異なるからです。ビューマトリクスとプロジェクションマトリクスはどちらも基本的に１つで済むので、これらは掛け合わせておきます。これで変換の手間がいくぶん省けます。

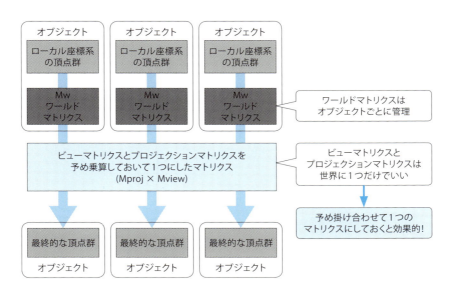

5.18：まとめ

ゲーム機はコンピュータの一種だと世間一般に認識されています。そしてコンピュータというのは元来「計算機」という意味ですから、そこから数学が連想され、数学が苦手な方から敬遠されることが多いのかもしれません。

しかしまず誤解を解いておきたいのですが、学生時代に数学が苦手だったからといって、プログラミングができないわけではありません。学生時代の数学は、定理や公式を覚えて、それらをいかに使うかというところに重点が置かれています。それに対して、プログラミングの仕事をしていく上で定理や公式を覚える必要はありません。プロのプログラマでも、たいていは調べながら作業をしています。

プログラミングには、「ここでこういう数式を使う」といったセオリーは特にありません。受験には傾向や対策がありますが、プログラミングに決まった正解はありません。その都度、自分で考えなければなりません。場合によっては新しい手法を編み出す必要に迫られますし、それが新しい発明につながることさえあるのです。

大事なのは、数学に恐れを抱かず、道具だと割り切って利用することだと思います。特徴さえ捉えられれば、強力な助けとなるはずです。例えばマトリクスには、「掛け算する際の順序によって変換結果が変わる」とか「掛け算することで1つにまとめられる」といった興味深い特徴があります。こういった特徴さえつかめれば、楽しんで数学を扱えるようになっていきます。

プログラミングにしろ数学にしろ、楽しむことが理解や上達を早めてくれます。

Chapter 6
アニメーション

本章では、ゲームプログラミングにおけるアニメーション処理について説明します。アニメーションの原理や、人体が動く仕組みといった、きわめて基本的な部分から始めます。そして、実践的なゲームプログラミングにおいて必要となる様々な技術や手法へと、話題を進めていきます。

ゲームのアニメーションはどのように実現されているのか、そこにはどんな工夫が凝らされているのか、アニメーションデータはどのような形で持つのが効率的なのか。本章では、こういった疑問に答えていきます。

6.1：アニメーションの重要性

3Dゲームではプレイヤーや敵などをディスプレイに表示させるわけですが、これらのキャラクターはチェスの駒のようにただ突っ立っているわけではありません。歩く動作をしたり、攻撃の動作をしたり、ときには踊ったりすることもあります。

こういった動きをキャラクターに与えるためには、複雑なアニメーション処理を行わなければなりません。本章では、ゲームプログラミングにおけるアニメーション処理について、基本的なところを中心に説明していきます。

6.2：アニメーションの基本原理

キャラクターのアニメーションがどのように実現されているのか、その基本的な原理についてお話しします。

アニメーションとは、ある期間中に、腕を振るとか脚を上げるというように、動いているように見せることです。ゲームに限らず、テレビで放映されているバラエティー番組やアニメ番組でも、芸能人やアニメキャラが動いています。こういった動く映像は、連続して送られてくる静止画を順次、画面に表示することで実現されています。

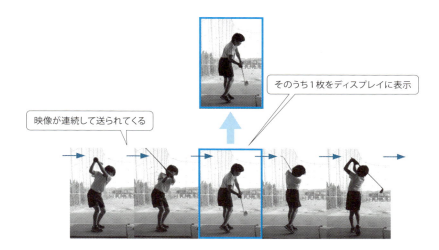

ゲームのアニメーションもこれと同じ原理で動きを表現します。キャラクターの動作の1コマ1コマを保持しておいて、それらを順次、ディスプレイに表示させるわけです。

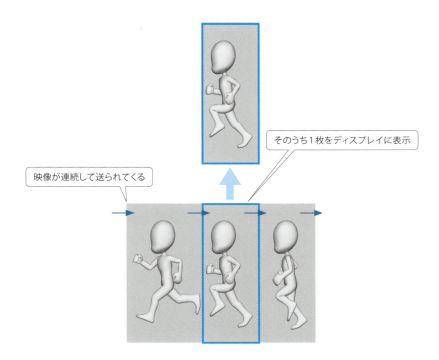

3.5節や3.6節で、ゲームというのは原則として60fpsで動作することを説明しました。つまり、1秒を60個に分割して、1/60秒ごとに処理を行うということです。この点を踏まえると、1秒間のアニメーションを作る際には60個の姿勢データを用意して、それらを順に表示させていけばよさそうです。

6.3：アニメーションデータのサイズ

アニメーションの原理が分かったところで、実際のゲームでアニメーションデータをどのように持つべきかについて考えてみましょう。ここでは、1秒間のアニメーションについて考えます。60fpsを前提としているので、60個の姿勢データを用意すればいいのではないかと、まずは考えられます。

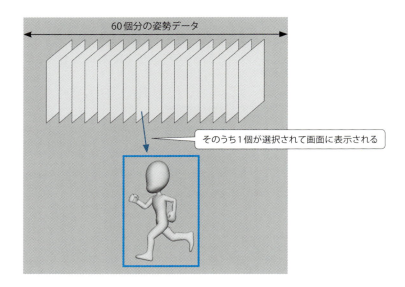

5.2節で、キャラクターなどのオブジェクトは多数の頂点で構成されていることに触れました。60個の姿勢データを用意する際には、それぞれの姿勢について、全ての頂点情報をデータとして保持しておけばよさそうです。これが最も簡単に思いつくアイデアですが、こうした場合、頂点の合計はどれくらいになるでしょう？　例えば、人間の手を表現するだけでもかなりの数の頂点を要します。

6.3：アニメーションデータのサイズ　　**151**

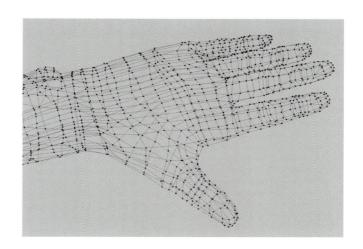

ゲーム機が進化するにつれて、キャラクターの頂点数は増加の一途をたどっています。本書初稿当時（2012年）の最新ゲーム機であるPlayStation 3やXbox 360だと、プレイヤーの頂点数は15,000個程度になるのが一般的でした。ですので、ここでは15,000頂点で考えます。この15,000頂点のキャラクターを1秒間、アニメーションをさせるためのデータサイズはどれだけになるでしょう。60fpsなので必要になるコマ数は60です。

まずは頂点座標です。5.3節で見たように、1つの座標にはX、Y、Zと、処理のために必要なWとの4要素があります。それぞれの要素は4バイトの浮動小数点数です。したがって、頂点1つで16バイトを使います。

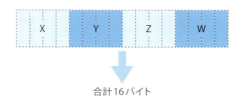

合計16バイト

ということは、キャラクターの1つの姿勢を表現するのに、

　　16バイト×15,000＝240,000バイト

が必要になるということです。普段から馴染みのあるMB（メガバイト）に換算すると、約0.23MBです。

さらに、これが60コマ分必要になるわけですから、合計は

    240,000バイト×60 = 14,400,000バイト

となり、換算すると約14MBです。

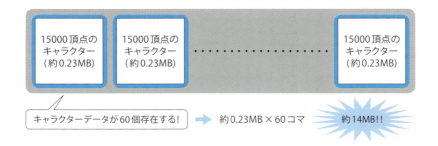

1秒間のアニメーションを実現するには、これだけのデータをメモリに載せなければなりません（他のデータと同様、アニメーションデータもメモリに載せなければプログラムから利用できません）。ゲーム機のメモリサイズが仮に256MBだとすると、十分に収まるサイズだとは言えます。

とは言え、ゲームのキャラクターは1つとは限りませんし、それぞれのキャラクターは様々な動作をします。1つのキャラクターが1秒間のアニメーションをするだけで

成立するゲームというのは、ありえないでしょう。もっとたくさんのキャラクターに、もっとたくさんのアニメーションをさせなければなりません。

例えば、プレイヤーと敵を合わせて3種類のキャラクターがいて、それぞれに対して、少なく見積もって10秒間のアニメーションをさせるとします。この場合、「1秒間で14MB」を基準に考えると、

$$14MB×10（秒）×3（キャラクター）＝420MB$$

のデータが必要になります。ここで仮定している256MBというメモリ容量を大幅に上回っています。

このように計算してみると、頂点を全て保持してアニメーションを実現するのは非現実的だということが分かります。どのように解決したらよいのでしょうか？ そのヒントは「関節」にあります。

6.4：体が動くということ

私たち人間が普段、何気なく行っている「体を動かす」という行為について、改めて考えてみましょう。動作の本質はどこにあるのでしょうか。また、人間の動作はどのようなメカニズムで成されているのでしょうか。

例えば人が腕を上げるとき、腕の表皮や指先に注目しても本質は見えてこないでしょう。それらは、もっと大きな「何か」に付随して持ち上げられているだけです。注目すべきは、肩から先の全体です。大きく全体を眺めれば、腕の付け根（肩関節）を中心として、腕全体が持ち上がっている様子が見てとれます。

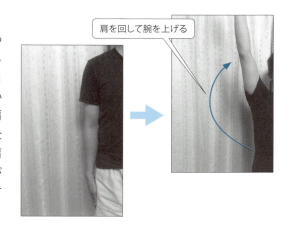

肩を回して腕を上げる

他にも例えば「脚を組む」という動作であれば、股関節や膝の関節に注目することで、動作のメカニズムが見えてきます。つまり、「体が動く」というのは「関節を中心として、そこに連なっているものが動く」ことだと見なせるわけです。別の言い方をすると、変化しているのは、関節に連なっているものと関節との間の位置関係だけだ、ということです。ここに、アニメーションデータ削減のヒントがあります。

6.5：関節でデータを持つ

実際にゲームのキャラクターに関節を埋め込んで、それを制御することを考えてみましょう。

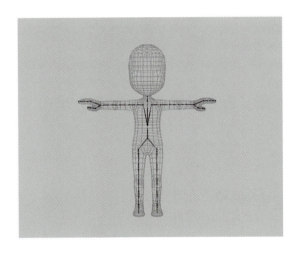

この図のようになりますが、キャラクターを動かす上で重要だと思われる位置に関節が埋め込まれています。これらの関節を動かしたときにオブジェクトの頂点がそれに追従するように動けば、様々な姿勢を表現できます（次のページの上の図を参照）。

これを踏まえて、1秒間（つまり60コマ）のアニメーションに必要なデータサイズがどれくらいになるかを考えてみます。

キャラクターを動かすための主要な関節が30個あるものとします。個々の関節には、その関節がどこにあるかを示す位置情報と、腕などがどのように曲げられているかを示す回転情報が含まれます。これらの情報を保持するのに適したデータ構造はマトリクスです。マトリクスなら位置だけでなく、回転情報も一緒に管理できます。

マトリクスは16個の浮動小数点数（4バイト）で構成されるので、関節1つあたりのデータサイズは4バイト×16 = 64バイトになります。この関節が全部で30個あるわけですから、1コマあたりのデータサイズは64バイト×30 = 1,920バイトになります。

1秒間のアニメーションには60コマが必要なので、総計は1,920バイト×60コマ = 115,200バイトとなります。MBに換算すると約0.1MBになります。6.3節で計算した、頂点を全て保持する場合のサイズと比較してみましょう。

	頂点保持	関節保持
1コマ分のサイズ	約0.23MB	1920バイト（約0.002MB）
60コマ分のサイズ	約14MB	約0.1MB

計算の途中で察しがついたかとは思いますが、最終的なデータサイズに非常に大きな差が出ます。これなら、ここで想定しているゲーム機のメモリ容量256MBに余裕で収まります。それなら、頂点を全て保持する場合にはとても無理だった、「3キャラクターが10秒のアニメーション」という要求には応えられるでしょうか。

0.1MB×10（秒）×3（キャラクター）＝3MB

なんと、たったの3MBです。256MBのメモリがあれば、十分に余裕をもって載せられるサイズです。

このように、アニメーションデータを関節に持たせることでデータの総量を大幅に削減できます。このやり方がアニメーション処理の基本となります。

6.6：アニメーションデータの流用

関節でアニメーションを管理することの利点は、データサイズだけではありません。ここでは、「流用できる」という利点について見ていきます。

ここまでに、キャラクターがアニメーションすることについて考えてきたわけですが、ゲームに登場する「キャラクター」にはいろいろな種類があるでしょう。プレイヤーはもちろんのこと、RPGだったら街の人や王様、お姫様など、体型の異なるキャラクターが登場します。

こういった場合、キャラクターの種類ごとにアニメーションデータを持たせることもできますが、どのキャラクターも人間であることには変わりありません。関節の構造は同じなはずです。同じ関節構造のキャラクターには、共通のアニメーションデータが使えるはずです。

アニメーションデータを流用することによって、さらにメモリを節約できます。のみならず、例えば大きな岩を持ち上げる動作を、大男だけではなく華奢な人物にも行わせれば、面白い演出になるかもしれません（そういうシチュエーションはあまりないかもしれませんが）。

また、アニメーションデータの流用によって、プレイヤーの着せ替えも簡単に実現できます。同じ関節構造を持つ同じ体型のキャラクターを複数用意し、それぞれに別の装いをさせます。そしてこれらのキャラクターに同じ動作をさせれば、あたかも着せ替えが行われたかのような効果が得られます。

このように、関節構造を共通化しておくことでデータサイズを減らすこともできますし、様々な演出も可能になります。ゲームプログラミングをする上で、大きな恩恵がもたらされます。

コラム：2D世代の着せ替え

キャラクターの関節構造を共通化することで、プレイヤーなどの着せ替えが容易にできることを説明しましたが、これはもちろん、3Dのゲームに関してのことです。では、2D時代の着せ替え事情はどうだったのでしょうか？

2Dゲームのキャラクターについて考えてみましょう。例えば2DのRPGでは、上下左右を向いた絵を用意しなければなりません。さらに、その場で足踏みしたりする分の絵も必要になります。

各キャラごとに上下左右に向いた絵を作る必要がある

これらは全て、アーティストが手描きで作らなければなりません。キャラクターの種類や動作の種類が増えてくると、作業量はふくれ上がります。それに加えて着せ替えを行うとなると、装いの違うキャラクターをひとつひとつ、新たに手描きしなければなりません。デザイナーの作業負荷はたいへんなものになりますし、データ量も増える一方です。ですから実際にできることはと言えば、せいぜい色を変えるくらいのことでした。

それに対して3Dの場合は、基本のモデルを作るだけで、それを同じ関節構造のキャラクターに流用できます。そのため、3Dになってからは、おまけ要素としての着せ替えなどが頻繁に行われるようになりました。

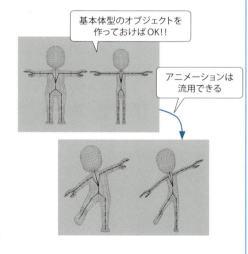

基本体型のオブジェクトを作っておけばOK!!

アニメーションは流用できる

6.7：関節の数と表現力

関節の数が増えれば増えるほど、キャラクターの動きの表現力は豊かになります。しかし関節の数が増えるということは、アニメーションのデータサイズが増加するということです。それらを処理するための処理時間も、比例して増加します。このあたりのトレードオフを考えて、関節構造を決定しなければなりません。

ゲームには様々なキャラクターが登場します。1対1で戦う格闘ゲームの場合でも、対戦する2人のキャラクターの他に、観戦者のキャラクターも登場するでしょう。どちらもゲームにおいて重要な役割を担っているわけですが、対戦するキャラクターのほうには、より細かくより滑らかな動きが求められると想像できます。

そこで、対戦するキャラクターには関節を多めに持たせ、観戦するキャラクターには肩や膝など、大事なところだけを持たせるようにします。

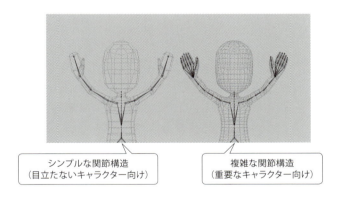

シンプルな関節構造
（目立たないキャラクター向け）

複雑な関節構造
（重要なキャラクター向け）

この図の右側のキャラクターには、手の指にまで関節が入っています。左側のキャラクターには指の関節がなく、手をひとかたまりのものとして動かすことになります。実際の人体とはかけ離れた関節構造ですが、遠くから観戦しているキャラクターなどであれば、手の細かな動きは問題になりません。

キャラクターの役割や性格に応じて、適切な関節数を見出すことが重要です。

6.8：アイテムの装着

RPG などのキャラクターは一般に、武器や防具といったアイテムを購入し、それらを装着します。例えば剣を手に持ったり、兜をかぶったりします。このようなアイテムの装着は、どのように実現したらよいでしょう。実はここでも、関節が役立ちます。

アイテムの装着を実現するために、アイテム込みでキャラクターデータを作ってしまうと、別のアイテムに差し替えて表示するのが難しくなります。そのため、キャラクターとアイテムとを別々に用意することになります。例えば次のように、キャラクターと剣とを別々に作ります。そして、剣を装着する場合は、手の近くにある関節を計算して求め、その関節に剣をくっつけます。

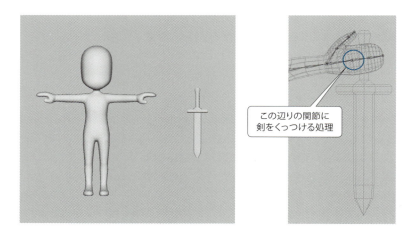

このように、関節を利用することでキャラクターの任意の位置に装備アイテムを装着できるようになります。

6.9：部分的なアニメーション

現実世界で走ることについて、想像してみてください。走るときは肩、肘、膝、足など全身を使って動きますが、そのときの表情はどうでしょうか？ 苦しそうな顔で走る人もいれば、涼しい顔でクールに走る人もいるでしょう。

この2種類の表情で走るアニメーションを実現したい場合に、どのようにアニメーションデータを持てばいいのか考えてみましょう。まず思いつくのは、次のように持つことです。

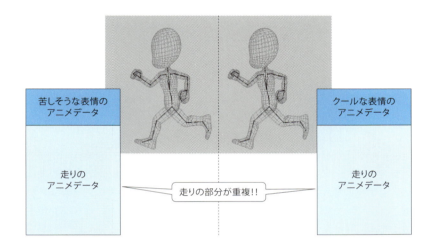

この図を見ると分かるように、「走る」という基本動作のアニメーションは両者で共通しています。これでは少し、メモリが無駄に使われてしまいます。そこで、走りのデータと表情のデータとを分けてみます。そうすると、次のようにデータを持つことになります。先ほどは重複していた走りのデータが1つになり、データサイズが小さくなります。

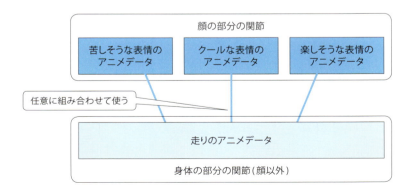

実際に動作させる際には、顔のアニメーションを部分的に再生させます。「走る」という基本動作と表情とを分けておけば、データサイズを減らせるだけでなく、表現力も高めることができます。

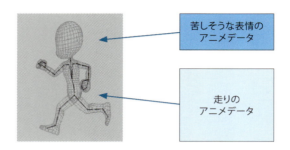

アニメーションデータを分割できるのは、「顔とそれ以外」という組み合わせに限ったものではありません。例えば、上半身と下半身とで別々のアニメーションを再生させることも可能です。テニスを例に挙げると、次のような動きのパターンが考えられます。

- 上半身：フォアハンドでラケットを振る、またはバックハンドでラケットを振る
- 下半身：踏み込む

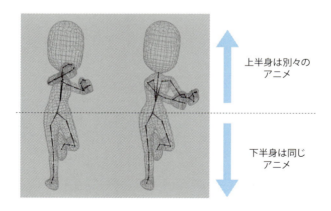

部分的なアニメーションを様々に切り替えることで、幅広いシチュエーションに対応できます。

6.10：揺れる髪の毛

ここでは、長い髪の毛の揺れについて考えます。髪が長いと、走ったり落下したりするような大きな動きをしたときに、大きく揺れることが想像されます。

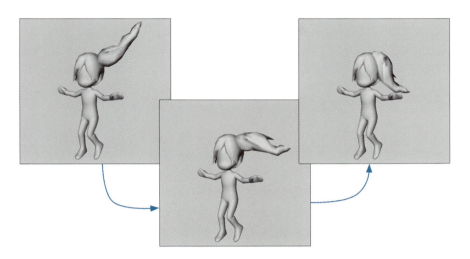

この図の髪の毛も、関節を持たせてその部分を動かすことで揺れを表現しているのですが、髪の毛の揺れというのは「走る」などの体を動かす動作と違って、動きを正確にイメージするのが困難です。アニメーションデータは、各瞬間の状態をイメージしながら作ります。そのため髪の毛は、アニメーションデータを作りにくいもののひとつなのです。

髪の毛の特性を考えてみましょう。長い髪の毛は、何もしなければ真下に向かって垂れ下がります。そして、頭の動きから一歩遅れるようにして動きます。重力や慣性など、物理法則に強く支配される物体だと言えます。幸い、ゲーム機はコンピュータ、すなわち計算機の一種ですから、物理計算は非常に得意です。そこでこの「髪の毛の揺れ」を、コンピュータに計算させてしまいましょう。次のようなデータの持ち方になります。

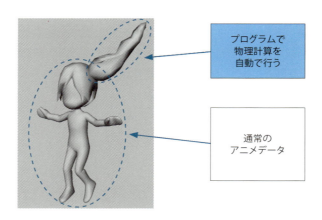

このようにすることで、揺れる部分の関節はアニメーションデータを持たなくて済み、メモリに優しい設計にすることができました。さらに、物理計算を取り入れることで、様々な状況下でも自然な挙動を見せることが可能になります。例えば同じポーズでも、キャラクターが落下しているときとしていないときでは、髪の毛の動きが変わります。さらに、強風の場面なども再現しやすくなります。

このように、物理計算によって自然な動きを実現できるわけですが、その半面、予想外の挙動にも数多く見舞われます。例えば、揺れた髪が体（例えば腕）に突き刺さる、といったことも起こりえます。

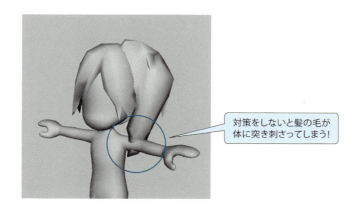

何らかの対策を施さなければなりません。そのひとつは、「刺さってはいけないですよ」という情報を体に埋め込むことです。各関節に球状のものを仕込んでおいて、そこに髪の毛が入らないようにする、といった対処方法になります。

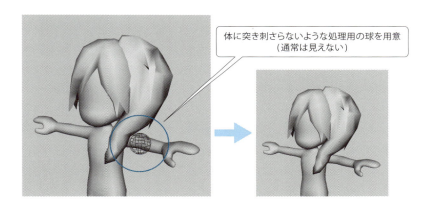

体に突き刺さらないような処理用の球を用意
（通常は見えない）

本来ならオブジェクトの形状に沿ったものを埋め込むべきですが、球状のもののほうが計算の手間が大きく省けるため、たいていは球状のものを使います。

ここでは髪の毛を例にとって説明しましたが、物理計算によるアニメーションは、他にも例えば服のヒラヒラした部分などに適用できます。

コラム：クロスシミュレーション

髪の毛の部分に疑似的に関節を埋め込んでプログラムで揺らす方法はご紹介しましたが、ここでは別のアプローチで揺れる部位の処理を取り上げます。クロスシミュレーションと呼ばれるものです。クロス（Cloth）は布を意味しますが、これは関節で揺れを表現するのではなくモデルの頂点単位で演算を行い、揺れを表現するものです。

下図では上の板状の物体がクロスシミュレーションの設定がされているもので、頂点ごとに情報を持ち、処理を行っています。そして下の球体に接触する様子を示したものです。

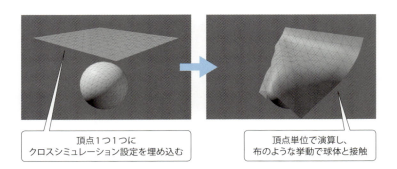

頂点1つ1つに
クロスシミュレーション設定を埋め込む

頂点単位で演算し、
布のような挙動で球体と接触

最近ではクロスシミュレーションを行うための商用ミドルウェアも存在しますし、ゲームエンジン側でもサポートされていることがあるので、非常に扱いやすくなりました。その上、品質も高く、別途関節を埋め込む必要もないので、設定も意外と難易度は高くありません。

但し関節を埋めて対応するのに比べ、頂点はどうしても数が多くなります。それに比例して処理負荷も増えますので、そういう観点ではお気軽に使える処理とは言い難いです。処理負荷を減らすため、クロスシミュレーション部位と接触するであろう物体を限定する、等の方法は採ることがあります。

ですので、関節を用いる方法とクロスシミュレーションの併用というのもよくあるパターンです。処理負荷と設定コスト、最終的な品質を見極めて設計するのが非常に大事です。

6.11：関節の親子構造

ここまでで、関節の基本的な挙動については理解できたのではないでしょうか。ここでは一歩進めて、複数の関節の関係について見ていきます。

まずは、現実の人体の動きで見ていきましょう。肩、肘、手首について考えます。最初に、腕をだらんと下げた状態にします。そうすると、肩を起点に肘と手首が下がった状態になります。そこから、肩関節を曲げて腕を真上に上げます。動かしたのは肩関節だけですが、それに応じてその先の肘と手首も真上に上がります。

6.11：関節の親子構造　　167

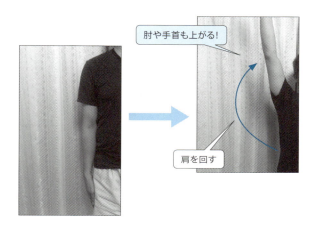

もう一度、腕を垂らした状態にします。今度は肘を曲げて、肘から先が地面と水平になるようにします。動かしたのは肘関節だけですが、それに応じてその先の手首も持ち上げられます。ただし肩関節は動きません。

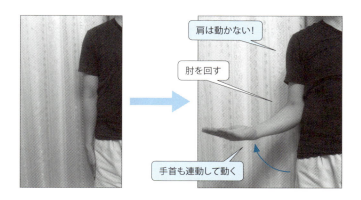

最後は手首です。これまでの話の流れから想像できると思いますが、手首を曲げても肘や肩は全く動きません。

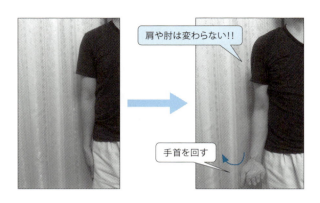

このように、関節というのは独立したものではなく、相互に関与しあって最終的な姿勢が決定されます。ただし、ある関節が、他の全ての関節に影響を与えるとは限りません。ある関節の動きの影響を受けるものと受けないものがあるのです。影響を与えるものと受けるものとの関係を**親子関係**と呼びます。関節の親子関係を次の図に示します。

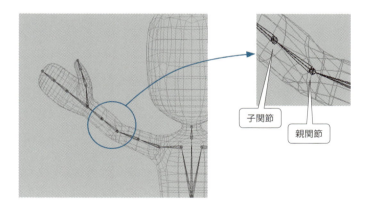

このように、根元のほうが**親**になり、先端のほうが**子**になります。肩と肘について言えば、肩が親で肘が子です。肘と手首であれば、肘が親で手首が子です。ある関節を動かした場合、それ以下の子は全て影響を受け、親は全く影響を受けません。

6.11:関節の親子構造　**169**

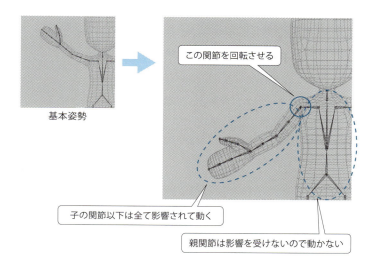

この親子関係にはルールがあります。親は複数の子を持てますが、子は単一の親しか持てないというものです。現実の世界と一致していますね。例としては、次の図に示すように手首に対する指が挙げられます。

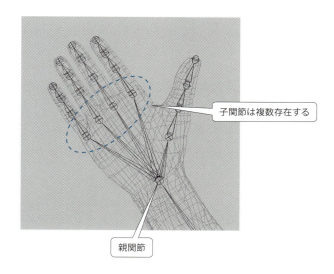

6.12：関節の親子構造の計算

ここでは、親子構造にある関節がどのように処理されるかを考えます。

6.5節で、関節のデータはマトリクスで表現できることを説明しました。そこで述べたように、関節を構成するための情報として重要なものは「位置情報」と「回転情報」です。位置情報は、その関節が親関節からどれだけ離れているかを示します。回転情報は、その関節がどのように曲がっているかを示します。これらを1つのマトリクスにまとめて扱います。

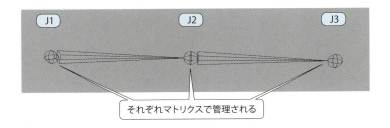

上図の関節J1、J2、J3は、それぞれが座標系を持っています。そして例えばJ2は、親であるJ1の座標系上に配置され、J3は同様にJ2の座標系に配置されます。それぞれが座標系を持っているということは、それぞれの関節に座標軸があるということです。

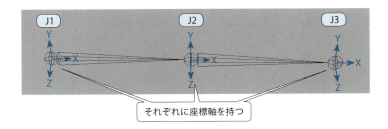

このように、子に向かう方向をX軸とし、回転する軸をY軸とします。人体の関節について考えてみると、肘、膝、指など、1方向にしか曲がらないものが大半です。そのため、「回転軸はY軸のみ」というルールを作っておくと理解しやすくなります。

ここで、次のような状況の関節について考えてみましょう。

6.12：関節の親子構造の計算

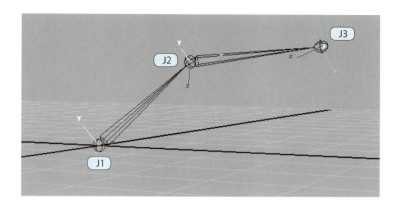

J3を本来の位置へ持っていくプロセスを考えます。まず、J3の関節を最終形態に回転させます。そして、J2-J3間の距離だけX軸方向に移動させます。

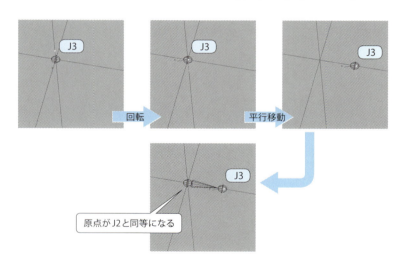

こうすることで、原点がJ2と同等になります。次に、J2の関節を回転させ、それからJ1-J2間の距離だけX軸を移動させます。

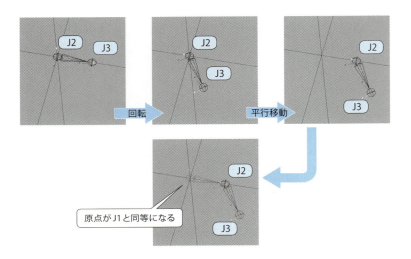

原点がJ1と同等になりました。そして、同様にJ1を回転させ、移動させます。

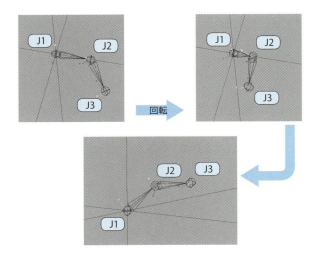

これで最終形態になりました。これまでの変形についてまとめてみましょう。

　　　　J3回転→J3平行移動→J2回転→J2平行移動→J1回転→J1平行移動

こういったプロセスで、最終的な関節の姿勢が決定されます。これをマトリクスで表現すると次のようになります。

M＝M1t×M1r×M2t×M2r×M3t×M3r
M＝M1×M2×M3

M1t：J1 平行移動
M1r：J1 回転
M1＝M1t×M1r（J1 を回転させて平行移動）
M2t：J2 平行移動
M2r：J2 回転
M2＝M2t×M2r（J2 を回転させて平行移動）
M3t：J3 平行移動
M3r：J3 回転
M3＝M3t×M3r（J3 を回転させて平行移動）

このような式に表せます。子関節の変換マトリクスから親関節の変換マトリクスに順に計算を進めるという点が重要です。

6.13：IK 処理

関節の動かし方や扱い方について説明してきました。これで、関節についてのデータを持つことができそうです。しかし、ゲームの仕様によっては凹凸のある地面を歩かせる必要があり、この点に配慮しなければなりません。例えば、歩くアニメーションについて見てみましょう。平地を歩くアニメーションだけを用意して、それを凹凸のある地面で使うと、つま先が地面にめり込んでしまいます（次のページの上の図を参照）。

これを回避するために、平地を歩くアニメーションデータだけではなく、様々な角度の傾斜地を歩くデータを作成したらどうでしょう？　これだと、データそのものが複雑になりますし、データの個数が増える分、メモリを圧迫します。しかも、仮にこうしたところで、きちんと地面に足が付かない可能性が依然として残ります（次のページの２番目の図を参照）。

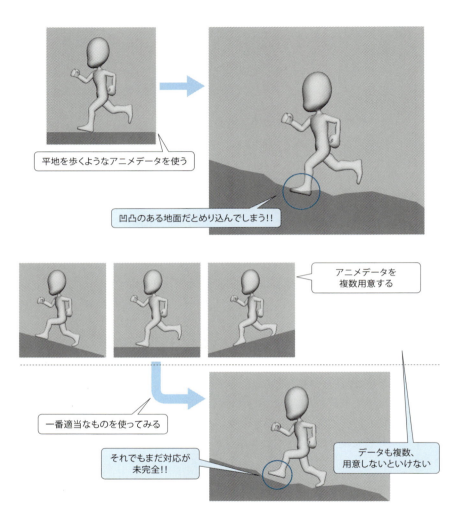

　これらの問題を解決する方法として、IK（Inverse Kinematics、逆運動学）処理というものがあります。これは、先端の関節、つまり足とか手とかいったものを目的の位置になるべく自然に合わせるようにするための処理です。具体的には、目標となる点に向かって、子から親へと順番に、目標点に向けて関節を曲げる処理を行います。それを何回か繰り返すことで、先端が目標点に到達します。

6.13:IK処理

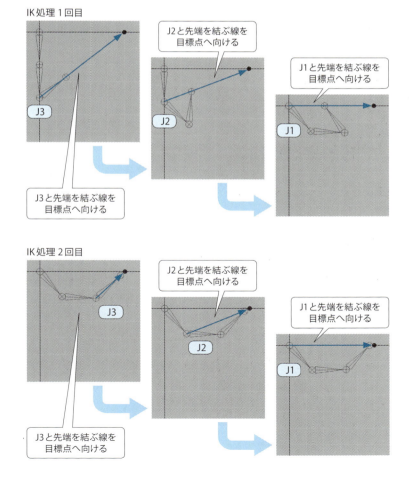

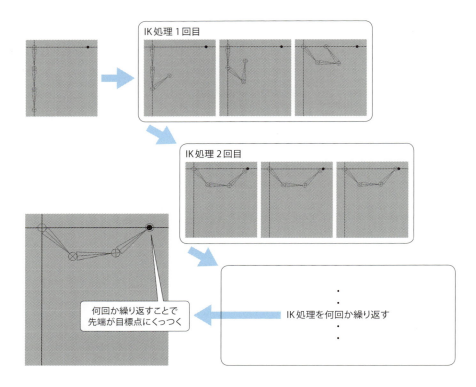

IK処理を使えば、データを複数持たなくても、凹凸のある地面に足を綺麗に接地させることができます。

ただし、この処理にも欠点があります。それは、「処理負荷が高い」ことと「自然に見えない可能性がある」ことです。目標に向かって関節を動かす処理を反復させる必要があるので、おのずと処理時間がかかります。一方で、反復回数を減らせば負荷は下がるのですが、そうすると今度は目標点に関節が移動し切らない可能性が出てきます。また、あらかじめ用意したデータではなく、プログラムによる機械的な計算によって動きが決まるため、動きが不自然になることがあります。こういった事情から、IK処理を敢えて採用しないゲームも少なくありません。

6.14：スキニング

アニメーションには関節が重要だという話をしてきましたが、実際に画面に表示するのは関節ではなく、キャラクターのオブジェクトです。キャラクターの関節を曲げたとき、キャラクターのオブジェクトがそれに追随するように曲がればよさそうなものですが、ここでも工夫が必要になってきます。

キャラクターのオブジェクトは多数の頂点で構成されています。実際に、関節の動きと連動させて頂点を動かしてみましょう。

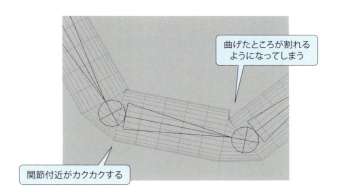

こうやって曲げてみると思ったよりも滑らかにならず、オブジェクトの表皮が割れたようになってしまいました。これはかなり単純なオブジェクトですが、もっと複雑な人体のオブジェクトになったらさらにたいへんです。

このような問題を回避するために使われるのがスキニングという手法です。スキニングは英語で「skinning」と書きますが、「skin」というのは肌や皮膚という意味です。つまり、今回のような関節を曲げるという操作に対して表皮を滑らかにする処理を、**スキニング**と言います。

まずは効果のほどを見てみましょう。右の図のようになります。

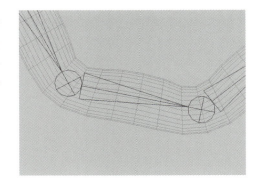

違いが一目で分かるかと思います。何も対処していないときよりも、明らかに滑らかさが増しています。

スキニングを施すためには、頂点に新たな情報を埋め込む必要があります。**ウェイト**と呼ばれる情報です。英語で書くと「weight」で、「重要度」といった意味になります。どういうものかと言うと、その頂点が、近隣の関節からどれだけ影響を受けるかという度合いを数値化したものです。次の図のようなものとなります。

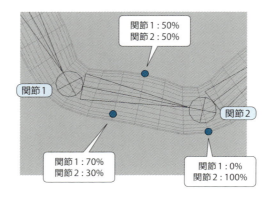

一番右の頂点は、関節2に100%のウェイトが振られています。そのため、関節1の影響は全く受けません。上側の頂点は関節1と関節2に50%ずつ、左側の頂点は70%-30%に振られています。いずれの場合も合計が100%になるように調整されています。

スキニングによって、キャラクターがどんな姿勢をとった場合も表皮が滑らかに表示されるようになります。ただしスキニングには多少の処理負荷がかかるので、遠方に表示される目立たないキャラクターなどには使わないこともあります。

6.15：補助関節

前節のスキニングに関連するもので、**補助関節**（または**補助骨**）と呼ばれるものが存在します。これは、スキニングしたときに不自然に見える部位に対して、補助的に埋め込まれる関節です。

例として、肘から手首にかけての部分に補助関節があるかないかで、どのような違いが現れるのかを見てみましょう。まずは補助関節がない場合です。腕をねじると右上の図のようになってしまいます。

中央付近が細くなり、今にもちぎれそうです。もちろんこれでは不自然です。そこで補助関節を利用します。補助関節はこの場合、右下の図のように、ねじる関節の両脇に配置します。すると、補助関節の親子関係に基づいて、ねじっても不自然にならないように自動的に計算されます。

この補助関節を使った状態で、もう一度ねじってみましょう。今度はねじっても不自然には見えません。

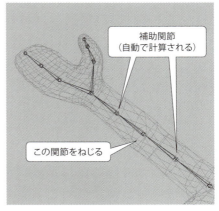

補助関節のデータを明示的に指定してアニメーションデータに含めることもできますが、その分、アニメーションデータが大きくなります。一方、補助関節の挙動は他の関節との関係に基づいて自動的に計算させることもできるので、その場合はアニメーションデータに含める必要がありません。その分、アニメーションデータは小さくなりますが、計算のための処理負荷は大きくなります。

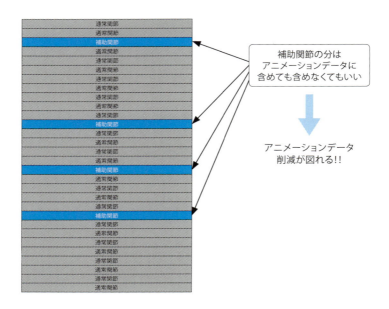

コラム：スキニングの計算方法

ゲーム内キャラクターは元のモデルの頂点群とウェイト、そして関節情報（マトリクス）から、任意のフレームでのキャラクターの姿勢などを表現します。それは最終的に頂点の変形という形で演算が行われます。

その流れとして、スキニング後の頂点をメモリの別の場所に計算して書き出して、それを描画する、という流れが割と一般的になったように思います。

（描画するときについでにスキニング計算するという方法もあります）

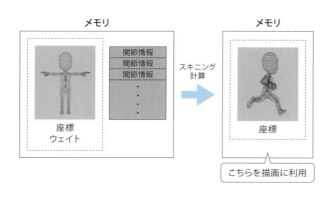

> このスキニング結果のメモリへの書き出しですが、CPU もしくは GPU のどちらかで行うことが可能です。
>
> CPU の場合はゲーム処理の裏で別のコアを利用して行われるのが一般的です。GPU ではメモリに書き出すことができる **Stream Output** という機能を使ったり、より高性能な GPU では **Compute Shader** というシェーダーも利用することがあります。
>
> どちらが良いか、という点では何とも言えません。最終的な結果は変わらないはずなので、CPU もしくは GPU で、どちらに負担が掛かっているかで判断して良いと思います。
>
> ゲームエンジンでは CPU、GPU のどちらで行うかの切り替えがほぼ可能になっています。状況を見て切り替えてみるのも良いでしょう。

6.16：アニメーションデータのサイズ削減

ここまでで、アニメーションに関する要素はだいたい出揃いました。そこで、アニメーションデータの効果的な持ち方について、今一度考えてみましょう。本節以降の数節で、アニメーションデータのサイズを削減する方法について探っていきます。

次のようなアニメーションを例にとって考察を進めます。

- 走るアニメーションで、1秒間のもの
- 首、肘、膝、腰などの主要な関節が30個
- 揺れるもの（髪の毛など）や顔の関節は考えない
- 補助関節についても考えない

これまでに説明してきたように、アニメーションデータは基本的に、各関節のマトリクスを全て羅列したものとなります。1つのマトリクスは16個の浮動小数点数から構成されるので、4バイト×16 ＝ 64バイトを占めます。それが30個必要なので64バイト×30 ＝ 1,920バイト。さらに、1秒間は60コマなので、1,920バイト×60 ＝ 115,200バイト、つまり112キロバイト強になります。

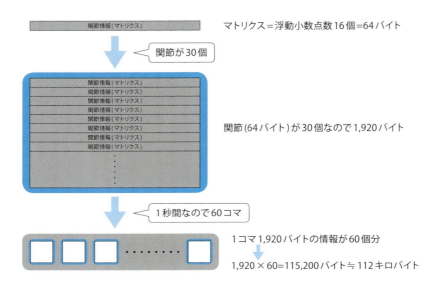

この「112キロバイト強」がスタート地点です。ここから、さらにデータを小さくする方法を考えていきます。

6.17：骨格データによるサイズ削減

1つの関節は1つのマトリクスで構成され、その中には位置情報と回転情報が含まれます。回転情報は、その関節がどのように曲がっているかを示すために使われます。位置情報は、親関節と子関節との距離になります。

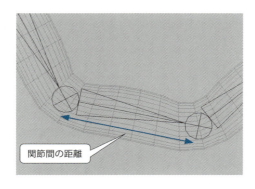

ここで、位置情報のほうに注目してみます。関節間の距離というのは、現実世界で考えれば全く変動しないことが多いはずです。実際に自分の身体で試してみようと思っても、例えば肩関節から肘関節までの距離を伸ばしたり縮めたりすることはできないでしょう。

アニメーションの場合も同様で、関節間の距離は多くの場合変わりません。一定距離を保つ関節がある場合、全く変動しない位置情報が60個の全てのコマに保持される、ということになります。

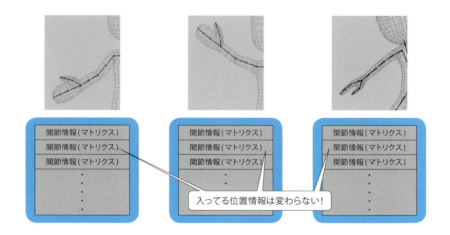

こういった場合、位置情報を全てのコマで保持する必要はありません。関節間の距離など、キャラクターの身体構造に関するデータ（**骨格データ**と呼ぶことにします）を、アニメーションデータとは別に用意して管理したほうが有利です。

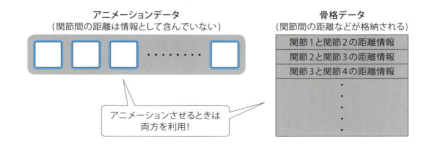

骨格データを用意すれば、位置情報をマトリクスで管理する必要はなくなります。しかし、マトリクスのサイズが減るわけではありません。マトリクスに含まれる位置情報の要素が無効になったからといって、それらの要素を消し去ることはできないからです。マトリクスは、4行×4列という構造を保たなければなりません。

しかし、この時点でマトリクスに含まれているのは回転情報のみです。そこで、回転情報をマトリクスで管理することをやめて、回転を管理するのに最適なクォータニオン（5.10節参照）を使うことにします。クォータニオンは4つの浮動小数点数で構成されるので、16個の要素を持つマトリクスの1/4のサイズで済むことになります。

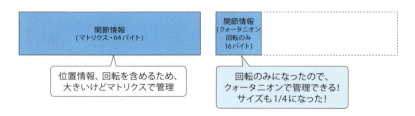

これによってアニメーションデータがどれだけ小さくなるのか見てみましょう。骨格データが増える分はとりあえず無視します。16要素のマトリクスが4要素のクォータニオンに変わるわけですから、サイズが相当小さくなることが期待できます。

変更前：4バイト×16要素×30関節×60コマ＝115,200バイト
変更後：4バイト×4要素×30関節×60コマ＝28,800バイト

112キロバイト強だったのが、28キロバイト強にまで圧縮されました。

最後に補足ですが、ここでは、関節間の距離が変わらないという前提で話を進めました。しかしゲームは多くの場合、非現実的な世界を楽しむものです。腕や脚を伸ばすキャラクターがいても何ら違和感はありません。

このようなキャラクターはどのように作ればいいでしょう？ まず、通常時のアニメーション用に骨格データを用意します。そして、関節を伸ばすコマの部分では、「このコマのこの関節は伸びますよ」という情報を埋め込んで、伸ばすアニメーションを再生します。こうすれば、骨格データによるサイズ削減の恩恵を受けつつ、腕や脚を伸ばす処理が可能になります。

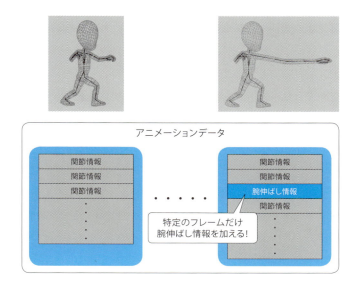

6.18：回転情報の圧縮によるサイズ削減

前節で見たように、位置情報を抜き取ることでアニメーションデータを小さくすることができました。ここからさらに小さくするために、今度は回転情報に着目します。前節では回転情報をクォータニオンに変更しました。サイズはマトリクスの 1/4 ですし、回転を処理する上でも最適なデータ形態です。しかしここでは、さらなるデータ圧縮を目指します。まずは、回転そのものについて見直してみましょう。

回転情報というのは、X 軸、Y 軸、Z 軸のそれぞれに対してどれだけ回転するかを示す情報です。

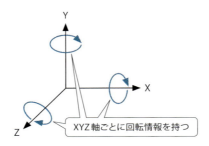

つまり、「どれだけ回転するか」を示す情報を 3 つ持てば十分だということです。クォータニオンは 4 要素で構成されるので、これで 1 つ、データを削減できそうです。「どれだけ回転するか」を角度で持っておいて、必要に応じてそれらを取り出し、クォータニオンやマトリクスに変換して利用すればうまく回転に対処できます。

この方法でどれだけサイズが減るかをひとまず確認しておきます。

　　変更前：4 バイト×4 要素×30 関節×60 コマ＝ 28,800 バイト
　　変更後：4 バイト×3 要素×30 関節×60 コマ＝ 21,600 バイト

28 キロバイトが 21 キロバイトまで減りましたが、もう少し減らせないか、欲張って考えてみましょう。先に述べたように、「どれだけ回転するか」というのは「角度」とイコールです。そして角度というのは、0 度から 360 度までという制限の付いた情報です。

6.18：回転情報の圧縮によるサイズ削減

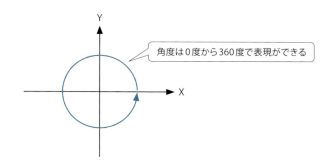

ここまでは1つの角度を1つの浮動小数点数として扱ってきましたが、浮動小数点数はとても細かい数値を扱うことができます。0度から360度までを表現すれば十分な角度には、少し精度が高すぎる気がします。つまり、「1つの角度を表すのに4バイトも使う必要はないのではないか？」ということです。

そこで、X軸、Y軸、Z軸のそれぞれに対する回転角度をそれぞれ独立した4バイトの数値として持つのではなく、1つにまとめてしまうことを考えます。4バイトの数値を3つ持つのではなく、4バイトの中に3つの角度を収めてしまおうというわけです。

4バイトというのは32ビットです。これを3つに分割すると、10ビットずつ割り振れます（2ビット余りますが、これについては諦めます）。

10ビットをフルに使って、0度から360度の範囲にある角度を表現します。10ビットあれば、0から1,023までの1,024段階を表せます。そのため、360度÷1,024＝約0.35度という単位で角度を表現できることになります。例えば0.17度といった、より細かい角度は表現できませんが、0.35度というのはアニメーションを再生する上で問題のない精度です。

これで、3つの浮動小数点数で保持していた角度情報が1つに圧縮されました。

　　変更前：4バイト×3×30関節×60コマ＝21,600バイト
　　変更後：4バイト×1×30関節×60コマ＝7,200バイト

21キロバイトだったものを7キロバイトにまで圧縮できました。クォータニオンを使っていたときは28キロバイト強だったので、それに比べると1/4にまで削減されたことになります。

6.19：キーフレームと間引きによるサイズ削減

骨格データの導入と回転情報の圧縮でかなりデータサイズが小さくなりました。しかしもう少し欲張って、さらなる削減を目指します。

これまでは、全てのコマにアニメーションデータを持たせることを前提としていました。例えば、1秒間のアニメーションなら60コマ分のデータを持つということです。しかし状況によっては、アニメーションは精度を下げて再生しても構わない、ということがあります。

ということでここでは、60コマ全てのデータを持つことをせず、もっと少ないコマ数で再生させることを考えます。そのための方法は主に2つあります。

- キーフレームを使う
- 間引く

キーフレームによるサイズ削減

1つ目は**キーフレーム**と呼ばれるものを利用する方法です。「キーフレーム」の「キー」は「鍵」という意味です。アニメーション中の鍵となるコマ、すなわちキーフレームだけをデータとして持っておき、それらの中間にあるコマはキーフレームに基づいて補間する、という方法になります。

例えば走るアニメーションだと、腕を振り切ったところなどがキーフレームになります。

このように、重要なコマだけをデータとして持ち、その中間は滑らかに動くようにプログラムで補間します。

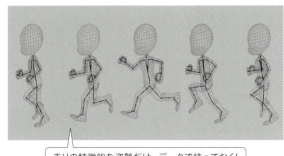

走りの特徴的な姿勢だけ、データで持っておく！

6.16節以降、例として使ってきた1秒間の走りのアニメーションで、データサイズを考えてみましょう。この走りのアニメーションには10個のキーフレームがあればいいのだとすると、次のようになります（何コマ目がキーフレームなのかといった情報も本来は必要になるのですが、1秒間の小さなアニメーションであるため、ここでは無視します）。

　　変更前：4バイト×1要素×30関節×60コマ＝ 7,200バイト
　　変更後：4バイト×1要素×30関節×10コマ＝ 1,200バイト

7キロバイトのデータを1キロバイト近くにまで削減することができました。ただし、キーフレームを使った場合、中間のフレームはプログラムに補間させることになります。そのため、意図しない動きになる可能性があります。また、補間処理は複雑なため、処理時間がかかってしまいます。

ですので、1キロバイトというサイズは魅力的ではありますが、諦めましょう。その代わりに、キーフレームのアイデアを活かした「間引き」について考えます。

間引きによるサイズ削減

間引きとは、途中途中のコマを規則正しく削っていくことです。特定のコマが特徴的かどうかといったコマの重要度は無視して、一律に間引きます。

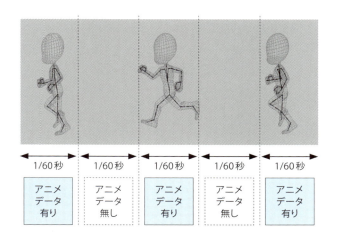

このように 1 コマおきに間引けば、コマ数は半分になります。間引かれたコマは、前のコマと後ろのコマの中間値を取るだけで補間できます。そのため、キーフレームに比べて補間処理がずっと軽くなります。

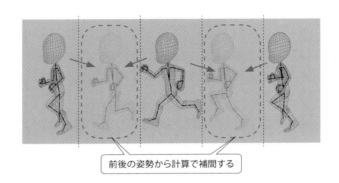

前後の姿勢から計算で補間する

この方法のデータサイズを求めてみましょう。

　　変更前：4 バイト×1 要素×30 関節×60 コマ＝ 7,200 バイト
　　変更後：4 バイト×1 要素×30 関節×30 コマ＝ 3,600 バイト

キーフレームを使ったときの 1 キロバイトには及びませんが、7 キロバイトを 3.5 キロバイト近くまで落とし込めました。キーフレームに比べて処理は軽いですし、意図しない動きになる可能性もずっと低く抑えられます。非常に使い勝手のいい手法です。ただし、間引いた分、精度はやはり落ちるので、精度が落ちても問題にならない場面を選んで利用します。

6.20：アニメーションデータの持ち方のまとめ

6.16節から6.19節までで、アニメーションデータを削減する方法について探ってきました。その探索の過程をまとめてみましょう。

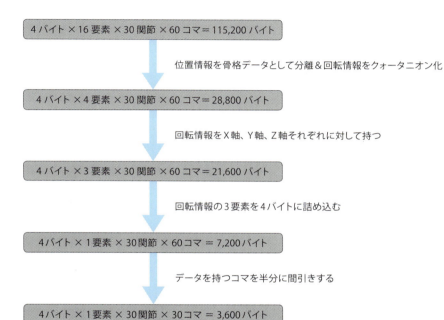

112キロバイト強だったものが最終的に3.5キロバイトに、つまり約30分の1にまで削減できました。 これで、たくさんのアニメーションデータをメモリやディスクに詰め込むことが可能になります。

ただし、削減の手法の中には精度を犠牲にしているものもあります。 最後に紹介したコマの間引きは、その最たる例です。 ですので、実際のゲームプログラミングにおいては、精度とデータ量のトレードオフが重要になります。プログラマは、両者のバランスがうまくとれるように、注意深く設計を行わなければなりません。

コラム：ブレンドシェイプ

アニメーションは基本的に関節単位で行われるのが分かったかと思いますが、頂点単位での制御も可能です。ここでは**ブレンドシェイプ (blend shape)** と呼ばれるものを紹介します。シェイプ（shape）は「形状」の意味で、形状同士の合成の処理です。

処理ですが、同一のオブジェクト（頂点数が同じ）を複数用意し、それの合成比率を変動させることで形状を滑らかに動かすことができます。

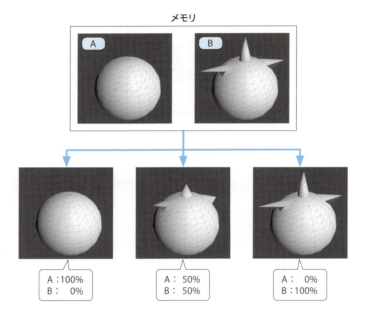

上図だとAとBの2オブジェクトをメモリに保持し、それらの割合を合計100%になるように設定して形状を変化する様になっていますが、50%ずつだとA,Bそれぞれの中間の形状になっているのが分かると思います。今回は2オブジェクトで例にとりましたが、3オブジェクト以上でも合成は可能です。

主に**フェイシャルアニメーション (facial animation)** で活用されることが多いです。つまり顔のアニメーションですが、顔に関節を入れるより作りやすく、結果が分かりやすいところにメリットがあるためでしょう。

> このようにブレンドシェイプを行うメリットとして、処理の作りやすさと分かりやすさがありますが、同一オブジェクトで形状違いのデータを複数保持しないといけないため、メモリを食うというのが欠点としてあります。
>
> 先程のフェイシャルアニメーションを例にとると、通常顔はもちろんのこと、喜怒哀楽であったり、喋るための母音5音＋「ん」の合計6形状を用意したりと、意外と多くの種類が必要になることが分かります。
>
> 全部を関節のアニメーションにするのではなく、このようにブレンドシェイプを活用して作り上げるところもあるので、覚えておくと良いでしょう。

6.21：モーションキャプチャ

最後に、アニメーションデータの作り方についてお話します。アニメーションデータを作る際には、まず、大雑把なデータを作ります。このとき使われるのが**モーションキャプチャ**と呼ばれる手法です。

動きを演じる役者さんに特殊な衣服を身に付けてもらいます。この衣服の特定の部位には白いマーカーが付いています。この状態で演技をしてもらい、撮影します。そして、撮影によって得られたデータをコンピュータに取り込みます。これがアニメーションデータの元になります。このデータをコンピュータ上で整えて、アニメーションデータを完成させます。

モーションキャプチャの技術は年々向上しています。一昔前には大掛かりな装置が必要だったのですが、近年ではかなり軽い装備で撮影を行えるようになっています。とは言え、アニメーションの作成には必ずモーションキャプチャが使われる、というわけではありません。人間の手付けで一から作成することもあり、事情や状況に応じて使い分けられています。

6.22：まとめ

アニメーションの基本に関する話を一通りしてきました。アニメーションは、作り手の工夫ひとつで表現力やデータサイズが大きく変わる分野です。この点はプログラマにとって脅威でもあり、面白いところでもあります。

マトリクスやクォータニオンなど、数学の力が顕著に必要になってくる分野でもあります。そう言われると敬遠したくなるかもしれませんが、考え方の基本さえ押さえておけば、むしろ面白く感じられると思います。

ゲーム開発の世界では、グラフィックスなどに比べて、アニメーションはできて当たり前だと見られがちですが、ここには実に多くのテクノロジーが詰まっています。最近では、アニメーションに物理学を取り入れて、より自然な動きを実現する手法も現れています。このようにアニメーションには、様々な発想を柔軟に取り入れられるという特徴もあります。

Chapter 7
3Dグラフィックス
～頂点

ゲームにとって必要不可欠な要素として、ディスプレイにゲームのグラフィックスを表示するということがあります。プログラムの内部でプレイヤーを操作しても、それがディスプレイに表示されなければゲームとして成立しません。

現在は3Dのゲームが主流で、立体的なゲームが楽しめるようになってきています。それを実現するためには「ポリゴン」「テクスチャ」などの概念をよく理解して使いこなす必要があります。

本章、および続く第8章、第9章では、ゲームのグラフィックス処理で必要になる様々な概念や技術を紹介します。先頭を切る本章では、ポリゴンを形成するための「頂点」に焦点を合わせます。どのような情報をどのような形で頂点に持たせるべきか、詳しく探っていきます。

7.1：絵を描くことについておさらい

絵を描く処理の流れをおさらいしましょう。

3.8節で述べたように、絵を描くのは、ゲーム機内の **GPU** というユニットの仕事です。GPU は、CPU によってメモリに積まれた**描画コマンド**を参照し、それに基づいて絵を描きます。GPU が絵を描くカンバスは、描画コマンドが積まれたのと同じメモリの中にある**フレームバッファ**と呼ばれる領域です。フレームバッファに描かれた絵が、ディスプレイに表示されます。

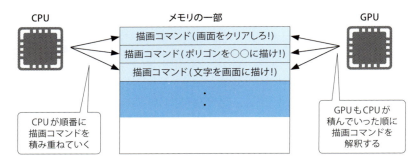

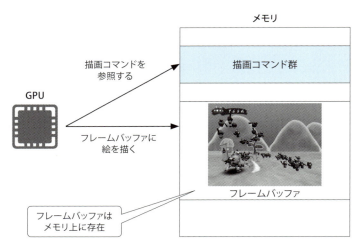

フレームバッファは、2枚用意するのが定法です。これを**ダブルバッファ**と言うのでしたね（3.9節参照）。そして、**垂直同期**（1/60秒の周期）のタイミングで、2つのバッファの絵を切り替えて表示します。

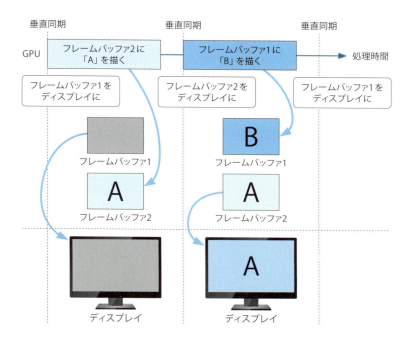

7.2：解像度とピクセル

GPUが絵を描く先であるフレームバッファは四角形です。そしてその内部は、さらに小さな四角形で細かく細分化されています。**ピクセル**と呼ばれるこの小さな四角形のそれぞれが色を持つことで、全体としての絵が表現されます。

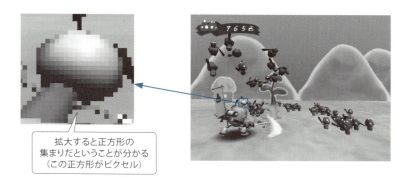

ピクセルのサイズはゲーム機によって異なります。また、ゲーム機内の設定によって変えられる場合もあります。容易に想像できることですが、ピクセルが小さければ小さいほど、きめの細かい滑らかな画像がディスプレイに表示されます。

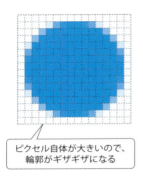
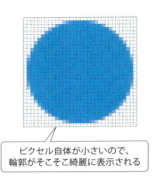

ピクセル自体が大きいので、輪郭がギザギザになる

ピクセル自体が小さいので、輪郭がそこそこ綺麗に表示される

ピクセルの細かさを**解像度**と言い、「横方向のピクセル数 × 縦方向のピクセル数」で表します。解像度はゲーム機の進化とともに目まぐるしく進化しています。PlayStationを例にコンシューマーハードでの解像度の一覧を記します。

解像度(横×縦)	別名	ターゲット
640×480	-	PlayStation 2世代→主流解像度
1280×720	720P	PlayStation 3世代→主流解像度
1920×1080	2K / 1080P	PlayStation 3世代→リッチな解像度
		PlayStation 4世代→主流解像度
3840×2160	4K / 2160P	PlayStation 4世代→リッチな解像度

ゲーム機での解像度は一定ではなく、ある程度柔軟に変更できます。作り手側が決めることになりますが、どういうポイントで決めるべきかというのは以降で説明します。

あとPlayStationシリーズはテレビ等に接続して遊びますが、PlayStation 3やXbox 360以降では縦横比16:9がデフォルトになります。最近ではスマートフォンがありますが、そちらは縦横比が16:9固定ではなく、端末によって変わります。スマートフォンも高解像度化の傾向が進んでいます。

7.3 : RGBA

1つのピクセルは1つの色を持ちます。様々な色のピクセルが多数集まって最終的な絵が表現されます。ここでは、ピクセルの色がどのように管理されるのかを説明します。

色を表現するにはいくつかの方法があるのですが、分かりやすいのは**光の三原色**を用いて表現する方法です。3つの原色というのは「赤」と「緑」と「青」です。これらのそれぞれに対して濃淡を決めてから混ぜ合わせたものが、最終的に表現したい色になります。

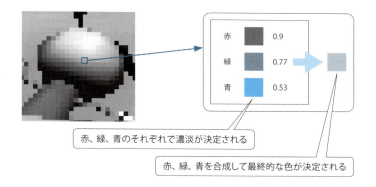

ピクセルもこの方法で管理します。赤、緑、青の濃淡情報を持たせることで、色を決定します。濃淡の度合いは0.0から1.0の範囲で持つものとしましょう。0.0が最も暗く（黒に相当）、1.0が最も明るい度合いです。この範囲をどれだけの段階に分けて管理するかはいろいろです。0.0や1.0という小数が使われているので、浮動小数点数（4バイト）で管理することが頭に浮かぶかもしれません。しかし実際問題として、そこまでの精度は必要ありません。1バイトで0.0〜1.0の範囲を表現するのが一般的です。

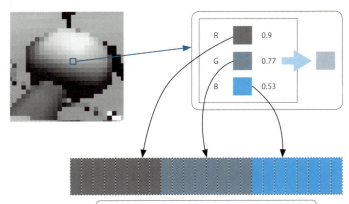

RGBそれぞれに8ビット＝1バイトずつ割り振られる

これまでは色の名前を「赤」「緑」「青」と呼んで説明してきましたが、それぞれをアルファベット1文字で表すのがコンピュータグラフィックスの世界では一般的です。「Red」「Green」「Blue」の頭文字を取って**RGB**と表記します。

R、G、Bのそれぞれを1バイトで管理します。つまり、それぞれが256段階の濃淡を持てることになります。したがって色数の合計は、256×256×256＝16,777,216になります。1,677万種類以上の色を表現できるということです。

このように、R、G、Bのそれぞれに1バイト、つまり合計で3バイトあればピクセルの情報を管理できそうに思えますが、実際にはもう1バイト、情報が追加されます。**アルファ**と呼ばれる情報で、「Alpha」の頭文字をとって**A**と表記されます。これも0.0から1.0の範囲で表現されます。1バイトで保持する点はRGBと変わりません。

アルファは様々な用途で使われますが、最も一般的な用途は色の透明度を示すことです。0.0が完全透明で、1.0が完全不透明、そしてこれら以外が半透明になります。

7.3：RGBA 201

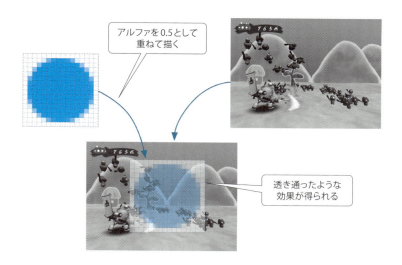

以上で、1ピクセルの情報が全て出揃いました。「RGBA」の4要素です。それぞれが1バイトなので、1つのピクセルは4バイトで表現されることになります。

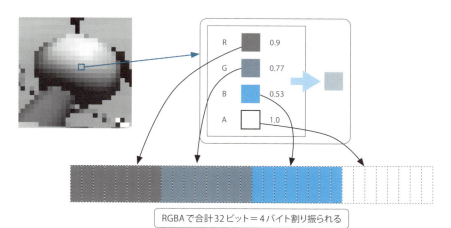

コラム：リニアカラー

コンピューター上でのカラー表現として RGB それぞれで 0.0〜1.0 の数値を持って表現する話をしました。RGB のそれぞれで全て同じ数値にすると黒⇔白のグレースケール表現を表現でき、0.0 が黒、1.0 が白となります。

では 0.5 のときは黒と白のちょうど中間の灰色になるでしょうか？

結論から言いますと、答えは NO です。0.5 の RGB をディスプレイを通して見ると中間の灰色よりも暗い灰色になります。

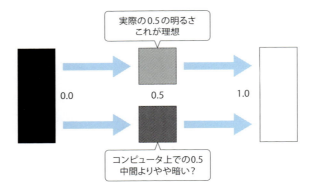

なぜこうなるかというとディスプレイ側の特性が関わってきます。

信号に対して明るさをリニア（線形）に伝えられず、暗く伝えてしまうような仕組みで作られているからです。

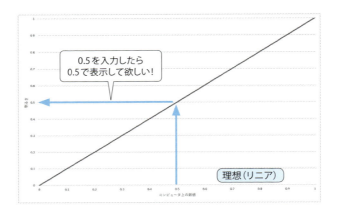

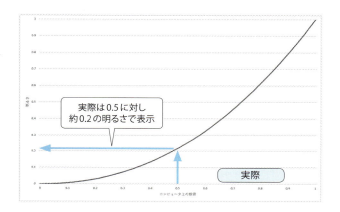

これはテレビがブラウン管の時代にリニアに伝達する様に回路を作るとコストが掛かってしまうためらしいです。ではテレビ番組などはどうしていたか？と言いますと、テレビ側で暗くなってしまうことを見越して映像を明るくした状態に補正して送信するので、テレビに映るときには意図した明るさで映る、ということです。

テレビ番組ではこれで成立するのですが、ゲームのグラフィックスになると不都合が多く生じます。オブジェクトに光が当たるなどで動的に明るさによる計算を多く行うからです。

よってこのディスプレイの補正が掛かっていることを考慮した上で、リニアな色として扱う処理を行うことがあります。これをリニアカラーワークフローと呼びます。

後述するシェーダやテクスチャを扱うときや読み取るときに考慮する対応になりますが、テクスチャの場合はピクセルを「色」として扱うか「数値」として扱うかというのも焦点になり、あえて補正を行わないといった部分もあるので、非常に面倒です。ただこれを頑張って乗り越えることで緻密なカラー表現も見えてくる部分もあるので、理解し扱えるようになると有意義でしょう。

7.4：3Dゲームの基本はポリゴン

ここからは、3Dゲームの絵がどのように描かれているかについて説明します。3Dゲームでは、キャラクター、敵、あるいは背景オブジェクトなど、さまざまなものが立体的に描かれます。これらは、三角形や四角形といった単純な多角形を組み合わせることで描かれています。この多角形のことを**ポリゴン**と呼びます。3Dゲームのオブジェクトは、ポリゴンの集合として描かれているのです。

三角形（ポリゴン）の集合で物体が構成されている

ポリゴンとは「多角形」のことですが、本書では、ポリゴンとして最も一般的に使われる三角形に絞って解説します。三角形のポリゴンは、当然のことながら、3つの頂点で構成されます。5.2節でも触れましたが、頂点には、位置を表す「座標」以外にも様々な情報が含まれます。どういった情報が含まれ、それらがどのように利用されるかについて、これから順に見ていきます。

7.5：頂点カラー

ポリゴンは単色ではありません。頂点ごとにカラー情報を持たせることで、面に複雑な色を付けることができます。

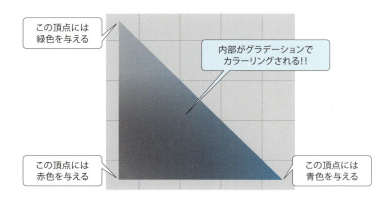

本書はフルカラー印刷ではないので分かりづらいのですが、この図ではポリゴンの3つの頂点のそれぞれに赤（R）、緑（G）、青（B）の色を指定することで、ポリゴンにグラデーションを施しています。

頂点には、RGBだけではなく、アルファ（A）を与えることも可能です。

次の図では、右下の頂点だけが透明（A＝0）に設定されています。この頂点に向かって徐々に透明度が増している様子が見て取れるのではないでしょうか。

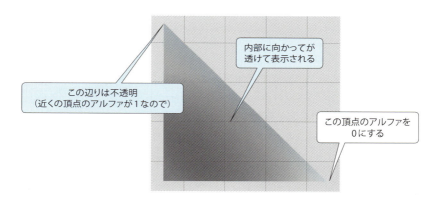

このように、頂点にはRGBAのカラー情報を持たせることができます。この情報を頂点カラーと言います。

7.6：テクスチャとテクスチャ座標

ポリゴンの頂点に色情報を持たせることで、ポリゴンにカラーグラデーションを施せることが分かりましたが、これだけではゲームのオブジェクトを十分に表現することはできません。実際のゲームを注意深く観察すると、グラデーションだけのポリゴンはむしろ少ないことに気付くでしょう。多くの場合、ポリゴンには模様や柄が描かれています。これは、ポリゴンに絵柄を貼り付けることで実現されます。

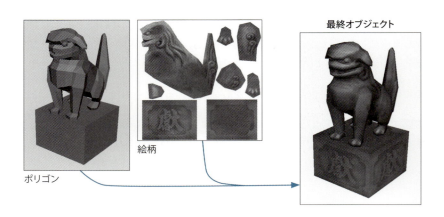

具体的には、まず絵柄が描かれた画像データを用意します。そしてポリゴンの頂点に、その絵柄のどの部分を貼り付けるかを示す位置情報を指定します。 このようにしてポリゴンに貼り付けられる画像データのことを**テクスチャ**と言います。 テクスチャは四角形の絵のデータで、これもピクセルの集まりで構成されています。

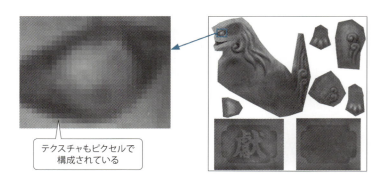

ピクセルですから、当然、RGBAの情報を持っています。つまり、アルファを指定できるということです。アルファをうまく使うと、ポリゴンの中央にポッカリと穴を開けるような表現が可能になります。

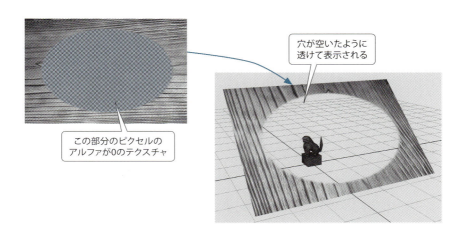

テクスチャのどの位置を貼り付けるかは、頂点に座標を持たせることで指定しますが、この座標を**テクスチャ座標**と言います。 テクスチャは四角形なので、横方向と縦方向の2要素で座標を指定できます。 一般に、横方向をU、縦方向をVとする**UV座標**を使ってテクスチャ座標を指定します。 基本的には、テクスチャの端から端までを0.0から1.0の範囲で表現します。

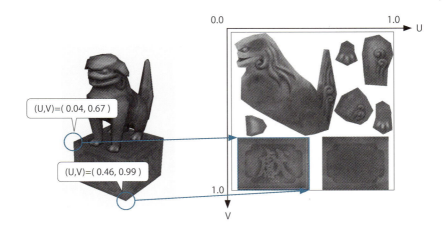

テクスチャの範囲は 0.0 から 1.0 で表現されますが、テクスチャ座標には範囲外の値を指定できます。例えば次の図のように (−1.0, −1.0) から (2.0, 2.0) を指定して、柄を繰り返すことができます。この手法は、ポリゴン数を抑えつつ、床などの一定パターンの面を表現するのに有用です。

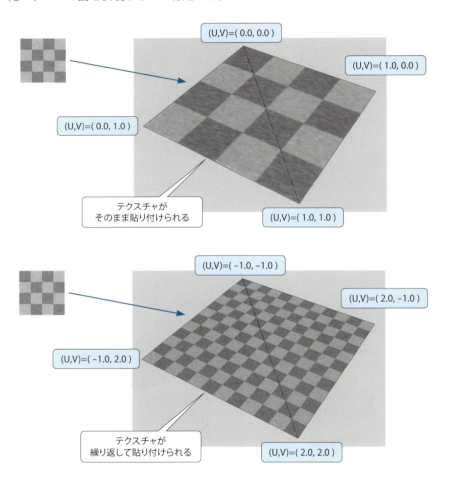

テクスチャは、前節で紹介した頂点カラーと組み合わせて利用することもできます。一様な模様に陰影を与えるなどの表現が可能になります。

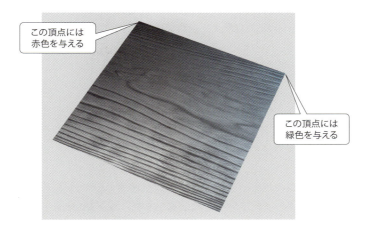

7.7：法線とライティング

前2節で紹介した頂点カラーとテクスチャによって、1つのポリゴンに対する表現力は格段に上がったかと思います。しかしこれだけでは、全体的にのっぺりとした感じの絵にしかならず、リアリティが足りません。

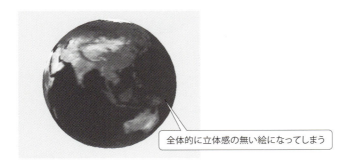

この地球のオブジェクトには模様がしっかりと描かれていますが、メリハリがない印象はぬぐえません。では、頂点カラーを与えてみてはどうでしょうか？

光に照らされている感じが加わり、「宇宙から見た地球」といった雰囲気がかなり出てきました。それでも、まだ不完全な点があります。球を動かしたときに、光の方向も一緒に動いてしまうのです。

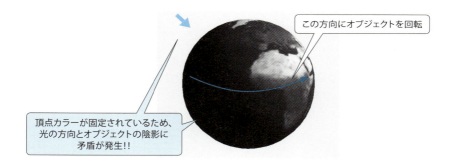

この問題を解決するには、「状況に応じて頂点カラーを動的に変更する」ということができればよさそうです。ポリゴンごとに光源の方向を計算して、ポリゴンごとに明るさを調整するわけです。こうすることで、光源の位置を一定に保てます。

ここで必要になるのが、**法線**と呼ばれる数学的な知識です。法線とは、「平面に対して垂直になるベクトル」のことを言います。

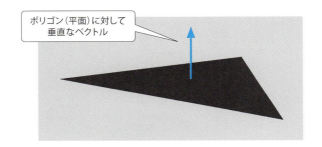

ポリゴンも平面なので、法線を持つことができます。法線はベクトルですが、利用しやすいように長さを1に固定してやります（5.3節で紹介した「正規化」が行われた状態）。この法線ベクトルは、光の方向を示すベクトル（こちらも正規化しておきます）との**内積**を取るために使われます。内積についての詳細は割愛しますが、端的に言いますと両ベクトルがなす角度に応じて −1.0 から 1.0 の範囲の数値を得るものです。

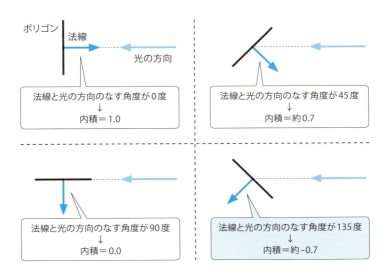

図が示すように、光の射す方向とポリゴンの法線が直線上で向かい合うときは1.0となります。ちょうど45度の角度をなすときは約0.7、90度の角度をなすときは0.0になります（本当の計算なら–1.0と1.0が反転しますが、ここでは分かりやすくするため、上記のようにします）。この1.0、0.7、0.0という値は、ポリゴンが光をどれだけ受けるかという意味合いに捉えることができます。

この値を使って、ポリゴンに明暗を付けてみましょう。

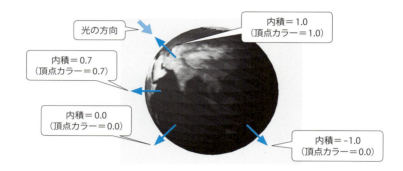

法線を使えば、光の方向が変わっても、それに応じて明暗が動的に変化するようになります。このように光の方向を加味し、計算で光を当てているかのような効果を与えることを**ライティング**と言います。

7.8：頂点ごとの法線情報

頂点に法線を含めることで、さらに表現力を向上させることができました。しかしよく見ると球体の表面は滑らかさを欠いており、カクカクした感じになっています。

ポリゴンに法線を持たせて光の向きを計算すること自体に問題はありません。問題は、各ポリゴンがそれぞれ1つの法線しか持っていないために、ポリゴンが単色になってしまうことです。隣接するポリゴンとの色がくっきりと分かれてしまうせいで、カクカクした質感になるのです。

これを解消するためには、頂点ごとに法線を持たせます。ただし、1つのポリゴンを構成する頂点の全てに同じ向きの法線を持たせても、結果は変わりません。重要なポイントは、同じポリゴンに属す頂点であっても、法線を少しずつ変動させてやることです。

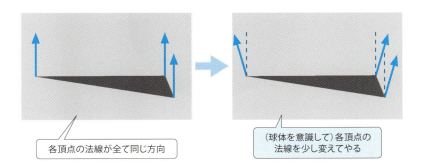

法線の向きは、闇雲に変えるのではなく、オブジェクトの形状を意識して調整します。今回の場合は地球ですので、球の形状を意識して、頂点ごとに法線を設定します。そうすれば頂点ごとに光の方向との内積が計算され、それぞれの頂点に適切な頂点カラーが与えられます。

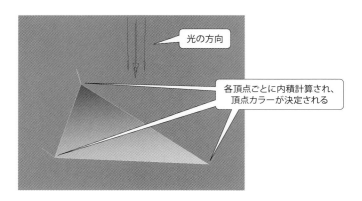

オブジェクト全体にこの処理を施してやると、結果は次の図のようになります。先ほどとは違って、綺麗なグラデーションでポリゴンが描画されています。カクカクした地球ではなく、滑らかな地球ができ上がりました。

このように、頂点ごとに法線を持たせてライティングを行うことを**グーローシェーディング**（gouraud shading）と言います。一方、最初のカクカクした地球のように、ポリゴン面ごとにライティングを行うことを**フラットシェーディング**（flat shading）と言います。現在では、フラットシェーディングが使われることはほとんどありません。

7.9：平行光源と点光源

前2節ではライティング、つまりオブジェクトに光を当てる処理について説明しました。ここでは、オブジェクトを照らすべき光の照射元について見ていきます。この照射元のことを**光源**と呼びますが、主要なものとしては次の2つがあります。

- 平行光源
- 点光源

平行光源とは、空間内のどの場所にいても、一定の方向から射し込む光の照射元です。平行光源から発せられる光は、太陽光のようなものとなります。

点光源とは、ある一点から全方向に向かって光を発する照射元です。空間内のどの場所にいるかによって、光の射し込む方向が変化します。点光源から発せられる光は、電球の光のようなものとなります。

 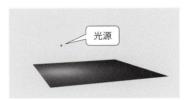

平行光源　　　　　　　　　　　　点光源

ライティングは、光の方向と法線の内積を取って、それを頂点カラーに反映させるものだと説明しました。光源の種類が変わると、そのあたりの処理も変わってきます。ここでは、平行光源と点光源のそれぞれについて、ライティングのプロセスを追ってみます。

平行光源の場合、光の方向は一定なので、光の方向を示すベクトルをそのまま使って各頂点の法線との内積を取り、頂点カラーに代入します。

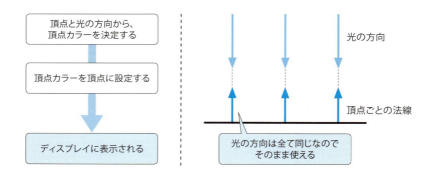

点光源の場合はもう少し複雑です。頂点ごとに光の方向を計算しなければならないからです。まず計算によって光のベクトルを求め、正規化します。それからその正規化されたベクトルと頂点の法線ベクトルとの内積を取り、頂点カラーに代入します。光の方向を算出する処理が加わった分、平行光源の場合よりも複雑になっています。

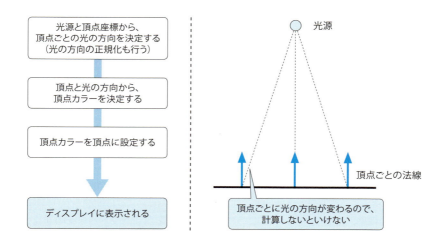

ライティングなし、平行光源によるライティング、点光源によるライティングのそれぞれの処理フローをまとめると、次のようになります。

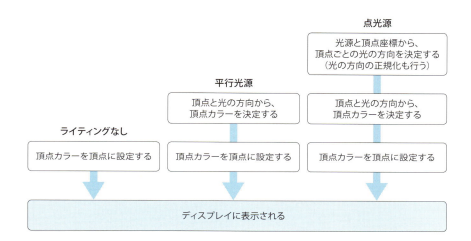

ライティングなしのときは頂点カラーをそのまま利用するだけなので、処理速度は極めて高速です。ライティングを行うと計算が発生しますが、特に点光源の場合は計算量が多くなります。そのため、実際のゲームでは平行光源を多用し、点光源はワンポイントでの使用にとどめます。中には、点光源を全く使わないゲームも存在します。

7.10：頂点情報のサイズ削減

ここまでで、ポリゴンの頂点に属する様々な情報について説明しました。頂点には、次の情報が含まれます。

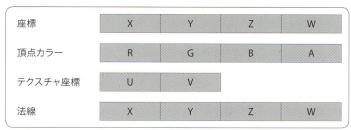

頂点に必要な情報

より高度な処理を行う場合にはさらに情報が必要になりますが、現時点では座標、頂点カラー、テクスチャ座標、法線の4つが頂点に含まれるものと考えます。

これら4つの情報をゲーム中の全てのキャラクターや背景に含めるべきでしょうか？ポリゴンをフレームバッファに描く際には、描画コマンドを介して頂点情報をGPUに渡します。その際、頂点数、および頂点1つのサイズに比例してGPUに渡す情報が大きくなり、GPUの負担になります。

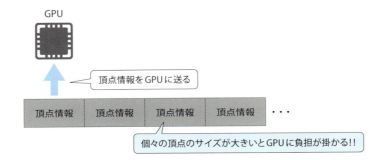

そのため、ゲーム中の全てのキャラクターや背景に頂点情報を含めるのは考えものです。また、ひとつひとつの頂点情報もできるだけ絞りたいものです。そこで、本章のこれ以降の節では、頂点情報のサイズと個数の両面から、サイズを抑える方法を探っていきます。

まずは、頂点情報1つあたりのデータサイズを見てみましょう。

要素	内訳	サイズ
座標	XYZWの4要素でそれぞれが浮動小数点数	4×4バイト＝16バイト
頂点カラー	RGBAの4要素でそれぞれ1バイト	4バイト
テクスチャ座標	UV座標で2要素で、浮動小数点数で表す	2×4バイト＝8バイト
法線	ベクトルなのでXYZWの4要素、浮動小数点数	4×4バイト＝16バイト

合計すると16＋4＋8＋16＝44バイトになります。これ1つを見れば小さなものだと言えますが、実際のオブジェクトは多数の頂点から構成されます。特に最近のゲームは非常に多くの頂点を使ってオブジェクトを構成します。例えばプレイヤーのオブジェクトの頂点数を15,000とすると、必要なサイズは次のようになります。

44バイト×15,000頂点＝660,000バイト≒約645キロバイト

これは、それなりに大きなサイズだと言えるでしょう。GPUに負担がかかることだけでなく、メモリを圧迫することも懸念されます。

7.11：動くオブジェクトと動かないオブジェクト

ここでは、オブジェクトの種類ごとに必要な頂点情報がどれだけになるかを考えます。オブジェクトは、大きく分けると次の2つに分類できます。

- 動くオブジェクト
- 動かないオブジェクト

動くオブジェクトの代表は、プレイヤーや敵です。動かないオブジェクトの代表は、ゲーム中のステージに配置される建物や木です。

ここでは、これらのそれぞれが、4つの頂点情報（「座標」「頂点カラー」「テクスチャ座標」「法線」）のうちのどれを持つべきかについて考えます。考察を進めるための前提として、平行光源によって光が照らされおり、なおかつ光の方向が変わらないものと仮定します。つまり、オブジェクトには常に一定の方向から平行な光が射すものとして、話を進めます。

動くオブジェクトと動かないオブジェクトの両方に必要な情報

まず、動くオブジェクトと動かないオブジェクトの両方が持つべき情報について考えます。オブジェクトは「形状」ですので、**座標**は必ず必要になります。また、テクスチャを貼らなければゲームとしての十分な品質は保てないでしょう。模様や柄を貼り付けてオブジェクトの質感を表現することも必須だと考えられます。そのため、**テクスチャ座標**も頂点情報に含めなければなりません。

動くオブジェクトに必要な情報

ゲーム中のオブジェクトは、リアルな外観を得るために、ライティングを行って明暗を付けなければなりません。

ここでは、一定方向から光が射し込む平行光源を前提としていますが、それでもオブジェクトの方向が変わったら、明暗の付け方を変えなければなりません。

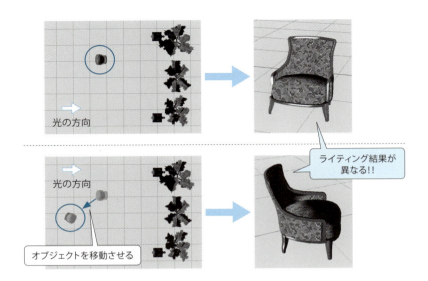

つまり、動くオブジェクトに対しては、ライティングを行わなければなりません。ライティングを行うためには**法線**が必要になります、その一方、**頂点カラー**はライティングによって動的に生成されるので、頂点情報として保持する必要がなくなります。

動かないオブジェクトに必要な情報

動かないオブジェクトの場合、オブジェクトと光の方向との関係が変わることはありません。そのためライティングを行う必要がなく、**法線**が無用となります。ただし、明暗を付けなくてもいい、というわけではありません。そこで、明暗は、**頂点カラー**を持つことで設定します。

頂点情報の合計サイズ

これで、どの頂点情報が必要になるのか把握できました。

	座標	頂点カラー	テクスチャ座標	法線
動くオブジェクト	○	×	○	○
動かないオブジェクト	○	○	○	×

このように、動くオブジェクトも動かないオブジェクトも、それぞれ1つずつ、情報を省略できます。

前節で見たように、全ての情報を持った場合のサイズは44バイトです。これに対して動くオブジェクトに必要な情報の合計は、44バイトから頂点カラーの4バイトを引いて、40バイトとなります。このオブジェクトが、前節と同様、15,000の頂点から構成されているとすると、総計は次のようになります。

　　変更前：44バイト×15,000頂点＝660,000バイト≒約645キロバイト
　　変更後：40バイト×15,000頂点＝600,000バイト≒約586キロバイト

一方、動かないオブジェクトに必要な情報の合計は、44バイトから法線の16バイトを引いて、28バイトとなり、総計は次のようになります。

　　変更前：44バイト×15,000頂点＝660,000バイト≒約645キロバイト
　　変更後：28バイト×15,000頂点＝420,000バイト≒約410キロバイト

こちらは1/3ほどが削減されています。GPUとメモリへの負担がかなり軽減されると考えられます。

光の方向が変化する場合

ここでは、動くオブジェクトにはライティングを行い、動かないオブジェクトにはライティングを行わないようにすることで、それぞれの頂点情報を削りました。しかしこれは、「光の方向は変化しない」という前提条件に基づいています。

ゲーム中に光の方向が動的に変化するとなると、話は変わります。建物や木といったオブジェクトは自身の位置を動かしませんが、光の方向が変化したら、明暗の付け方をそれに合わせて変えなければなりません。つまり、ライティングを行う必要が生じるということです。

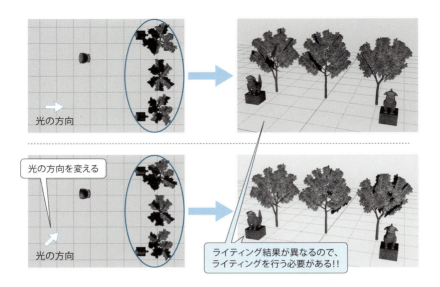

光の方向が変化する場合は、動く動かないにかかわらず、全てのオブジェクトでライティングを行わなければなりません。しかし、7.9節で述べたようにライティング処理には負荷がかかるので、できれば減らしたいものです。そのため、光の方向を変化させないようにして、ライティングが不要なオブジェクトを増やすことを考えます。実際のゲームでも、もちろんゲームの内容によりますが、背景を動的にライティングすることはあまりありません。

7.12：頂点情報の見直し

ここでは、4つの頂点情報のそれぞれが本当に適切なサイズで格納されているかどうかについて改めて考え、絞れる部分を探ってみます。

各情報のデータサイズをもう一度見てみましょう。このバイト数が本当に適切なのかどうか、1つずつ見ていきます。

要素	内訳	サイズ（バイト）
座標	XYZWの4要素をそれぞれ浮動小数点数で表す	4×4＝16
頂点カラー	RGBA（4要素）をそれぞれ1バイトで表す	4×1＝4
テクスチャ座標	UV座標（2要素）をそれぞれ浮動小数点数で表す	2×4＝8
法線	XYZWの4要素をそれぞれ浮動小数点数で表す	4×4＝16

座標

座標は、ゲームの世界のどの位置にオブジェクトが置かれるかを示すものです。ゲームの世界観にもよりますが、座標に設定する数値の範囲は極めて大きくなります。4バイトの浮動小数点数ではなく、それよりも精度の低い半精度浮動小数点数（2バイト）や固定小数点数を利用すると、設定する位置によってはオブジェクトの形状が崩れることがあります。ですから座標は、浮動小数点数のまま扱うのが良さそうです。

ただし、座標は位置情報であることが明確なので、W要素が必ず1.0になることが分かっています。ですから、W要素は省略できます。4バイトの浮動小数点数が3つ、すなわち**12バイト**で座標を表現することができます。

頂点カラー

頂点カラーにはRGBAの4要素が含まれています。それぞれが1バイトなので、合計で4バイトを使っています。

これも精度の問題なのですが、1要素につき1バイト、つまり256段階で表現しなくても十分な場合が、実は少なくありません。そこまで細かい精度でなくても、問題なく表示できることが多いのです。

そこで、1つの要素を0.5バイト＝4ビット（16段階）で表現することにしましょう。そうすれば頂点カラーは、0.5バイト×4＝**2バイト**で表現することができます。

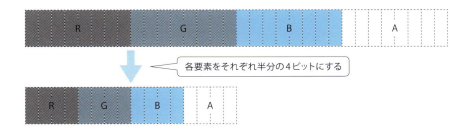

テクスチャ座標

テクスチャ自体はUV座標の0.0から1.0の範囲に収まっていますが、ポリゴンの頂点に設定するテクスチャ座標にはこの範囲を超える値を設定できます。

基本的にテクスチャ座標には 0.0 から 1.0 の範囲の値を設定することが多いのですが、それ以外の値を設定する状況について考えます。範囲外の値を設定する主な目的は、ある柄を、床のような面に繰り返して貼り付けることです。テクスチャ座標の値は、この繰り返し回数に直結しています。

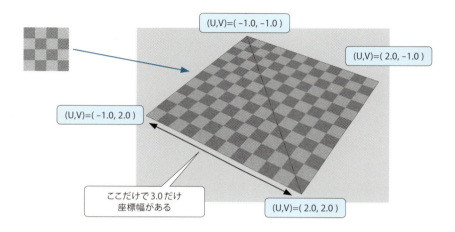

この繰り返し回数が、極端に大きな値になることはあまりないと考えられます。おそらく、浮動小数点数（4バイト）ほどの精度は必要ありません。かと言って、1バイト（256段階）では不安です。そこで、**2バイト**の半精度浮動小数点数で持つことにします。

法線

法線はベクトルなので、W要素は必ず0.0になります。座標と同じように、W要素自体を省略しましょう。これで3要素になりました。

ここで、法線の特性を考えてみます。法線の長さは、ライティングで計算しやすいように1.0に正規化されます。長さが1.0だということは、X、Y、Zの各要素が−1.0から1.0の範囲を超えることはない、ということです。こう考えると、1つの要素を表現するのに4バイトも使う必要はなさそうです。

法線そのものが何らかの形をとって直接、ディスプレイに表示されることはありません。法線は、ライティング計算の際に利用されるだけの存在です。ですから、多少精度が低くても、表示に大きな影響を与えることはほとんどありません。

以上から、法線の各要素に4バイトを使う必要はありません。そこで、半精度浮動小数点数（2バイト）で持つことも考えられるのですが、さらに欲張って1バイトの固定小数点数で持つことにしましょう。

そうすると法線は、1バイト×3＝**3バイト**で表現することができます。

削減結果

4種類の頂点情報のサイズを削減することができました。どれだけ削減できたのかを、表にまとめます。

合計すると、圧縮前が16＋4＋8＋16＝44バイトであるのに対して、圧縮後は12＋2＋4＋3＝21バイトとなり、半分以下のサイズに縮めることができました。15,000の頂点で構成されるオブジェクトで総計を出してみましょう。

圧縮前：44バイト×15,000頂点＝660,000バイト≒約645キロバイト
圧縮後：21バイト×15,000頂点＝315,000バイト≒約308キロバイト

その差は337キロバイトです。1つのオブジェクトについてこれだけ削減できるのですから、ゲーム全体での削減量は相当なものになるだろうと予想されます。

要素	変更	内訳	サイズ（バイト）
座標	前	XYZWの4要素をそれぞれ浮動小数点数で表す	4×4＝16
	後	XYZの3要素をそれぞれ浮動小数点数で表す	3×4＝12
頂点カラー	前	RGBA（4要素）をそれぞれ1バイトで表す	4×1＝4
	後	RGBA（4要素）をそれぞれ0.5バイトで表す	2×1＝2
テクスチャ座標	前	UV座標（2要素）をそれぞれ浮動小数点数で表す	2×4＝8
	後	UV座標（2要素）をそれぞれ半精度浮動小数点数で表す	2×2＝4
法線	前	XYZWの4要素をそれぞれ浮動小数点数で表す	4×4＝16
	後	XYZの3要素をそれぞれ1バイト固定小数点数で表す	3×1＝3

7.13：頂点情報の送信

ここまでは、頂点情報のサイズを小さくすることを考えてきました。ここでは目先を変えて、頂点の個数を抑える方法について見ていきます。

実際のゲームでは多数のポリゴンからオブジェクトが構成されるわけですが、多くの場合、ポリゴンの三角形は辺同士が接する形で配置されています。複数のポリゴンによって頂点が共有されている、と言い換えることもできます。

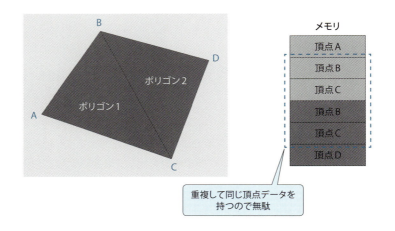

上の図には2つのポリゴンがありますが、2つの頂点が共有されています。共有されている頂点の情報はメモリ内で重複しており、無駄になっています。

GPUに頂点情報を送るときに頂点情報をそのままダイレクトに送る方法の他に、「インデックスバッファ」というものを利用して送る方法もあります。これを利用することで情報量を削減することが可能です。

インデックスバッファを利用した描画の流れですが、一つ一つの頂点に（0から始まる）通し番号を振り、インデックスバッファは三角形になるように頂点の通し番号を列挙していきます。先程の四角形を描画するときの例を見てみましょう。

7.13：頂点情報の送信　　227

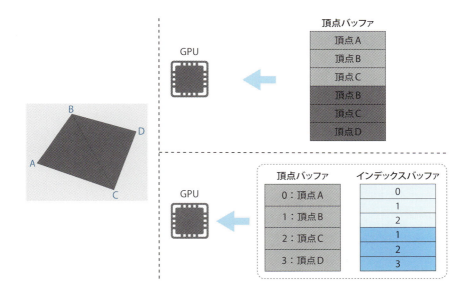

インデックスバッファの個々の要素は通し番号を入れるだけなので、1要素で2バイトもしくは4バイトの型になるのが一般的です。2バイトもしくは4バイトの選択ですが、2バイトだと「0〜65535」の表現域しかありません。ですので描画する形状の頂点数が65535個をオーバーしそうな場合、4バイトを選択することになります。

インデックスバッファに対して頂点情報の塊は「頂点バッファ」と呼ばれます。四角形の場合、インデックスバッファを使わないときは頂点バッファで6頂点分のデータが必要です。インデックスバッファを使った場合は頂点バッファで4頂点分と減少し、インデックスバッファで6頂点分存在します。

具体的にどのくらいサイズが削減するか確認しましょう。

描画方法	頂点バッファ	インデックスバッファ	合計サイズ
頂点バッファのみ	21バイト×6	0	126バイト
インデックスバッファ利用	21バイト×4	2バイト×6	96バイト

GPUは頂点バッファとインデックスバッファの両方を参照するので、サイズ削減がGPUへの負担削減へ必ず繋がるかと言われるとそう言い切れないですが、インデックスバッファを利用しての描画が最近では一般的です。

コラム：トライアングルストリップ

GPUに送る頂点情報を削減する方法として、「**トライアングルストリップ**」という手法が存在します。これはポリゴン（三角形）の辺が共有しているときに、その情報を再利用してポリゴンを連続して描画する手法です。

具体例を見て進めましょう。

まず初めに3つの頂点を設定することでポリゴンが1つでき上がります。続いて4つめの頂点を設定すると、直前の2つの頂点との三角形が形成されたものとして新たなポリゴンができます。以降、頂点を1つずつ追加することでポリゴンを連続形成できます。

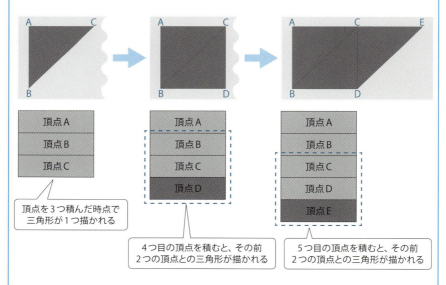

例えば4ポリゴンを形成するとした場合、通常だと4ポリゴン×3頂点＝12頂点分の情報が必要ですが、半分の6頂点分の情報だけで済みます。更にポリゴンが連なるともっと減ります。

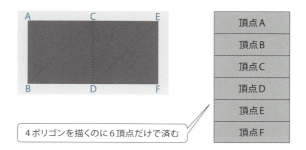

情報量の削減という意味では非常に効果的に見えるこの方法ですが、現在では積極的に利用される機会が減っている印象があります。理由は幾つかあります。

- GPU負荷の削減効果がそこまで見込めない。
- データを作るときに面倒。
- ゲームエンジン側でも標準サポートがされていないことがある。

ゲームに出すキャラクターなどのモデルデータを変換する際、原則として連続して連なっているポリゴンに対して有効なので、それを考慮してトライアングルストリップ状に頂点リストを構築する必要があります。 なるべくたくさん連ねた方が良いのですが、その最適な変換を行うために変換自体に時間がかかるということがざらにありました。

あと最近はGPUの性能が上がっています。GPUにも「頂点キャッシュ」というキャッシュがあり、一度計算し終えた頂点は（数に限りはありますが）再利用するようになっています。 よってGPUに送る頂点自体が重複していても、GPUの計算負担は軽微なものになります。

ということで、現在ではトライアングルストリップ形状にすることにそこまで熱心ではなくなりましたが、こういった手法があるということは覚えておいても良いでしょう。

7.14：まとめ

近年では3Dのゲームがかなり増えてきています。そのため、頂点という概念はゲームプログラミングに不可欠なものとなっています。

頂点には、位置情報である座標以外にも様々な情報が埋め込まれていることが、本章で理解できたかと思います。さらに、各情報の意味合いについても、明らかになったのではないでしょうか。

最近のゲームは、より品質の高いグラフィックスを提供するために、オブジェクトの頂点数が非常に多くなっています。キャラクターなど、特に重要なオブジェクトは数万もの頂点から構成されます。そしてそのひとつひとつが、機能や役割を持っているのです。それらをきちんと処理して初めて、美麗な映像が構築されます。プログラマはそのことを肝に銘じて、頂点を正しく処理しなければなりません。

Chapter 8
3Dグラフィックス
～ポリゴン、ピクセル、テクスチャ

前章では頂点に関して、掘り下げて説明しました。しかし頂点だけでは、ゲームのグラフィックスは描けません。

複数の頂点から構成させる「ポリゴン」という平面を用意し、それらを組み合わせてオブジェクトを形作る必要があります。また、ポリゴンの表面に貼り付ける模様である「テクスチャ」も必要になってきます。さらに、画面表示を緻密に制御するためには、ひとつひとつの点、すなわち「ピクセル」に関しても、注意を払わなければなりません。

本章では、ポリゴン、ピクセル、テクスチャの特性や扱い方について、詳しく説明していきます。

8.1：ポリゴンを描いてみよう

本章の前半部分では、ポリゴンをフレームバッファに描いていく処理について見ていきます。

既に何度も説明したことですが、フレームバッファへの描画は、GPU が描画コマンドを参照しながら行います。ポリゴンをフレームバッファに描く場合も同じです。メモリに積まれた描画コマンドは積まれている順番に処理されていくので、ポリゴンもそれに応じて１つずつ順番に描かれていきます。

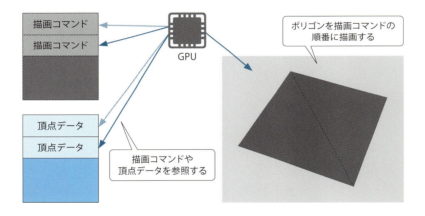

描画コマンドと同じ順にポリゴンが描かれるという点は非常に重要です。次の２つのポリゴンについて考えてみましょう。

この2つのポリゴンA、Bを重ねて描く場合、どちらを先に描くかによって結果は大きく変わってきます。

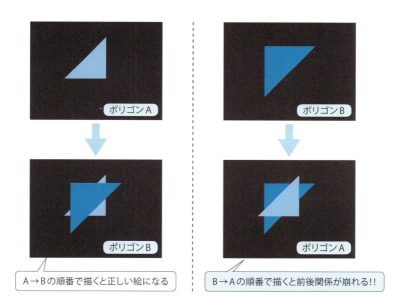

このように、後から描いたほうが手前にあるかのように描かれます。

普通、ゲームには複数のオブジェクトが存在しますが、オブジェクトを描く順序が適切でなければ見た目が大きく破綻するだろう、ということが分かります。さらに、1つのオブジェクトについても、そのオブジェクトを構成するポリゴンの描画順に気をつけなければなりません。不適切な順序で描かれると、見る方向によってはおかしな結果になりえます。

「それなら、順序を考慮してポリゴンを描けばいいじゃないか」と思われるかもしれませんが、近年のゲームではポリゴン数が非常に多いため、順序の計算には大きな手間がかかります。

そこで登場するのが**デプスバッファ**（**Zバッファ**とも呼ばれます）です。これは、ピクセルごとの奥行き情報を保持しておくためのメモリ領域です。基本的に、フレームバッファと同じサイズになります。

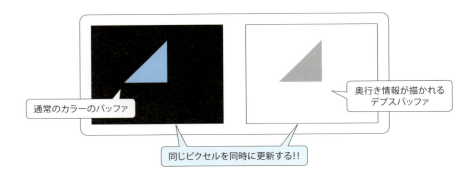

GPUがポリゴンを描く際には、フレームバッファにカラー情報を描くと同時に、デプスバッファに奥行き情報を埋め込みます。奥行き情報は0.0から1.0で設定されます。0.0が最も手前で、1.0が最も奥です（ゲーム機や計算方法によっては逆になることもあります）。

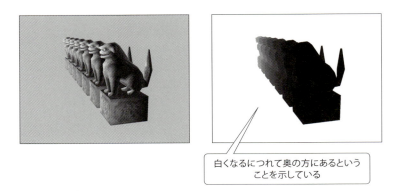

この奥行き情報がどのように使われるのか見てみましょう。GPUが1つのポリゴンを描こうとしています。ポリゴンは、ピクセル単位で描かれていきます。GPUがポリゴン内のあるピクセルを描こうとする場合、デプスバッファのそのピクセル位置に、どのような奥行き情報の値が設定されているかを調べます。この値と、描こうとしているピクセルの奥行き情報の値とを比較します。そして、描こうとしているピクセルのほうが奥だと判断された場合、そのピクセルはフレームバッファにもデプスバッファにも描かれません。逆に手前だと判断された場合は、両バッファにピクセルが描かれます。

8.1：ポリゴンを描いてみよう　235

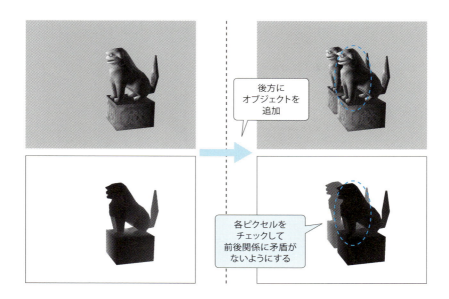

このように、描こうとしているものの奥行き情報とデプスバッファの奥行き情報とを比較して描くか描かないかを決める処理を、**デプステスト**と言います。今回の例では「奥行きを比較して、描こうとするピクセルが奥だったら不合格（＝描画しない）」としたことになります。

では、先のポリゴンＡ、Ｂを、デプスバッファを利用して描いてみましょう。ポリゴンＡの奥行き情報を一律で0.7とし、ポリゴンのＢの奥行き情報を一律で0.3とします。ポリゴンＢが手前ということになります。先ほどは破綻したＢ→Ａの順で描くと、次のページの上の図のようになります。

デプスバッファのおかげで、描画順が逆になっても意図どおりに描画されました。デプスバッファを使えば、描画順を気にすることなく、ポリゴンを描くための描画コマンドを積んでいくことができます。

ここでひとつ補足です。デプスバッファに描かれる奥行き情報はピクセル単位のものですが、これによってもたらされる恩恵があります。それは、あるポリゴンが別のポリゴンを突き抜けるような状況も正しく描画されるということです（次のページの下の図参照）。

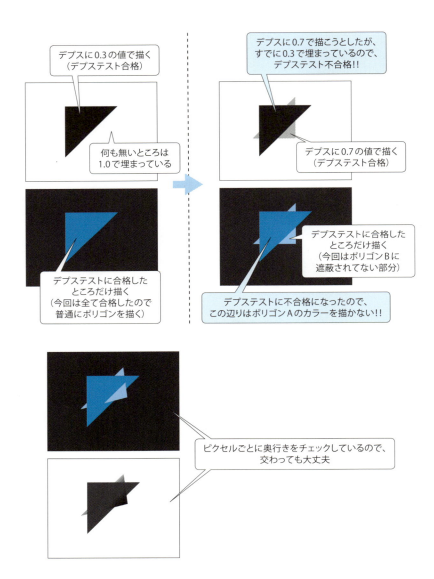

このようにデプスバッファを用いることで、占有するメモリサイズは増加しますが、前後関係を気にせずに描画コマンドを積めるようになります。そのため、デプスバッファは非常に有用な手法です。

8.2：半透明と不透明

前節では、デプスバッファを用いることでポリゴンの描画がとても楽になるという話をしました。しかし本当に、全てのポリゴンを描画順を気にせずに描画しても良いものでしょうか？ 前節の話はポリゴンが不透明であることを前提としていましたが、前節のポリゴンＡ、Ｂが半透明、つまり向こう側が透けて見えるものだったらどうなるか、試してみましょう。

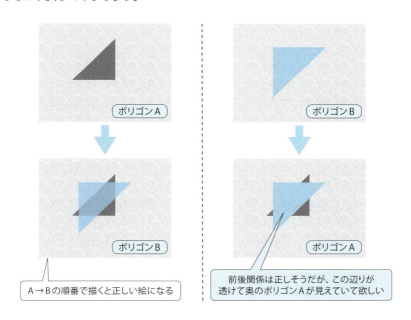

描画順によって異なる結果となってしまいました。ポリゴンＢが手前という設定なので、ポリゴンＢの一部が透けてその奥のポリゴンＡが見えていてほしいのですが、ポリゴンＢを先に描いたときは正しく描画されていません。

これは、ポリゴンＢを描いた際に、デプスバッファに奥行き情報が描き込まれたからです。続いてポリゴンＡを描くときには、ポリゴンＢと重なる部分のデプステストが不合格となり、透けて見えるはずの部分の描画が省略されるのです。

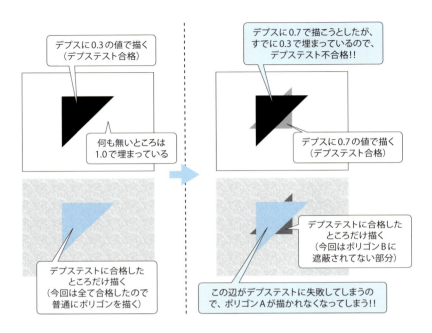

これを回避する方法ですが、デプスバッファのような特別な手法は存在せず、奥のポリゴンから順に描画するしかありません。結局、最初の状態に戻ってしまいました。しかし不透明な部分に関してはデプスバッファを有効に活用したいものです。そこで、以下のフローで描画していくのが最善だと言えるでしょう。

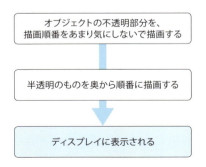

まずは不透明部分を、描画順を気にせず描き込みます。前後関係についてはデプスバッファが面倒を見てくれます。次に、半透明部分を奥から順に描画していきます。その際には、ポリゴン単位で並べ替えを行う必要はありません。ポリゴン単位だと数が多くなりすぎるからです。見た目がおかしくなる可能性は若干ありますが、オブジェクト単位など、ある程度まとまった単位で描画順を決めていきます。

このように、半透明を扱うことにはデメリットが伴います。そのため、ゲームで表示される大半の部分は不透明で描画し、必要な部分に限って半透明にするのが一般的です。

8.3：デプスバッファとデプステストについて補足

フレームバッファにピクセルを描き込む際にはデプスバッファにも描き込むという話をしましたが、デプスバッファにだけ描いてフレームバッファには描かないということも可能です。逆に、フレームバッファにだけ描いてデプスバッファには描かないということも可能です。これは、煙とか光といった、明確な形を持たないエフェクトを描き込む際に非常に有用です。

オブジェクトの前に形のない
煙のようなものを配置しておく

煙を書くときにはデプスバッファに
書き込まないようにもできる

デプステストのほうも 8.1 節で少しだけ説明しましたが、デプステストには様々な設定が可能です。基本は「これから描こうとするピクセルが、デプスバッファにあるピクセルよりも奥だったら描画しない」となりますが、「常に描画する」という設定も可能です。この設定は、ゲーム中、常に手前に表示されるべき体力ゲージなどに適用されます。

240　3Dグラフィックス ～ポリゴン、ピクセル、テクスチャ

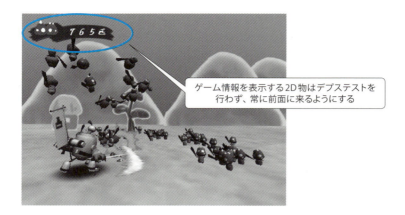

ゲーム情報を表示する2D物はデプステストを行わず、常に前面に来るようにする

コラム：ディザパターンによる半透明表現

半透明の描画はデプスバッファの兼ね合いで、非常に面倒なことだというのが分かったかと思います。 よって 3D グラフィックスに関してはできれば半透明のものは排除したいと考えますが、普段よく遊ぶゲームのグラフィックスを考えると、それはそれで難しいというのも分かります。

しかしコンピューターグラフィックスでは不透明描画だけど半透明の様な表現を行える、不思議な手法が存在します。

まず次の図をご覧ください。

左が不透明な球体を表示しているのに対し、右側は半透明な球体が表示されています。しかしこの半透明の球体は不透明で描画されています。これにはトリックがありまして、球体を適度に穴が開いている状態で描いているからです。

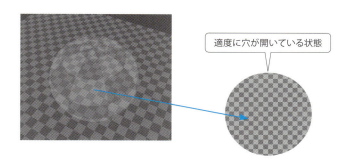

最近のゲーム機は高解像度化が進んでいますが、高解像度になるとディスプレイにおける1ピクセルの物理的なサイズも相当に細かいものとなります。ですので穴を開けても非常に目立ちにくいため、半透明状態に見えるという理屈です。

こういった処理を**ディザパターンによる半透明表現**と呼びます。

原則として、半透明度合いに応じて 4×4 ピクセル内で穴の開け方を変えることで実現しています。

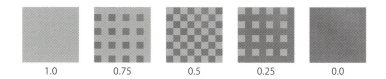

不透明の描画で半透明表現が行えるので非常に有用なのですが、4×4ピクセル内での穴の開け方の表現なので細かな半透明調整しづらいということと、やはり通常の半透明描画に比べると見た目がだいぶ劣ってしまいます。

キャラクターや背景の一部をディザパターン半透明で、エフェクトは通常の半透明で、といったハイブリッドで処理するゲームも多くあります。

8.4：デプスバッファのサイズ

ここまでで、デプスバッファの用途や挙動について理解できたのではないかと思います。デプスバッファの説明の最後として、サイズについて考えます。

フレームバッファはRGBAで構成され、それぞれの要素が1バイトなので、1ピクセルあたり4バイトが必要になります。

デプスバッファは奥行き情報を格納するもので、0.0から1.0の範囲で値を指定します。では、具体的にどれくらいの情報量が必要になるでしょうか？ まず、0.0から1.0ということについて考えます。5.15節でnear面とfar面を紹介しました。near面はゲームの世界のうち、視界に入り始める面です。far面は逆に、視界から消える位置です。デプスバッファでの0.0と1.0というのは、それぞれこのnear面とfar面の位置に相当します。

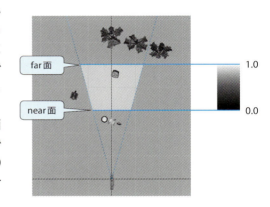

このnear面とfar面がどこに位置するのか、ということが非常に重要になってきます。ゲームプログラミングをする際には多くの場合、オブジェクトの大きさや距離などは現実世界の尺度を用いて測られます。near面とfar面はともに視点（カメラ）からの距離ですが、ここではnear面を10cm（センチメートル）の位置、far面を100m（メートル）の位置としましょう。つまりnear–far面の距離は約100mあることになります。

この距離をどの程度の段階に分割して表現するのかが問題です。まず、1バイトで考えてみましょう。1バイトは256段階ですので、その場合の「1」単位は39cmになります。

　　　約100m÷256≒0.39m＝39cm

39cmというのは、現実世界で考えるとかなり大雑把な範囲だと分かります（例えば、手のひらを重ね合わせても、厚みは39cmもないですよね）。ですから、1バイトでデプスバッファを構成することは考えられません。

次に2バイトで考えます。2バイトは65,536段階ですから、「1」単位は1.5mmになります。

　　　約100m÷65,536≒0.0015m＝0.15cm＝1.5mm

1.5mmなら現実世界で考えても十分に小さなサイズですから、最適なように思われます。しかし実際は、計算の都合上、デプスの奥行きとして入る値が現実の尺度に綺麗に比例するわけではありません。

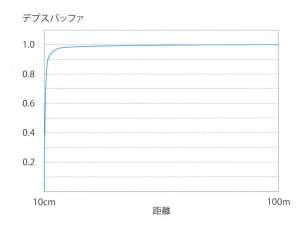

この表ですと、2バイトの中間の値である32,767が約50mを表すわけではなく、near面の10cmに近いところを表しています。それどころか、デプスの範囲の大半が手前のほうを指していることが分かります。これは、目立つ手前側の奥行き精度を上げる措置が施されているからです。「1」単位は必ずしも1.5mmではないということです。(但しこれは透視投影の場合です)

実際、2バイトでデプスを保持して処理を行っているゲームもあります。しかし、このような精度の制限が強くかかるので、その都度far面の位置を調整したりする必要が生じます。そのため、もう1バイト増やして3バイトで奥行き情報を持つことが多くなります。一般に、3バイトなら十分な精度が得られます。

8.5：ステンシル

デプスバッファの奥行き情報は3バイトで表現できることが前節で明らかになりました。しかし3バイトというのはコンピュータが苦手とする処理単位です。むしろ、4バイトで表現してしまったほうがコンピュータにとっては好都合だと言えます。

奥行き情報のサイズが2バイトでは少し心配です。3バイトなら十分です。では4バイトならどうでしょう？　これは過剰なサイズです。このサイズが必要になることは、まず考えられません。コンピュータの都合を考えて4バイトを使うのであれば、RGBAのAのような、特殊な用途に1バイトを使いたいものです。

そこで登場するのが**ステンシル**です。1ピクセルにつき、3バイトを奥行き情報に使い、1バイトをこのステンシルに使います（下の図を参照）。

デプスバッファ内のこのステンシルの部分を**ステンシルバッファ**と呼びます。ステンシルバッファにはピクセルごとに値を設定することができ、その値に基づいて当該ピクセルを描くか描かないかが判断されます。デプスバッファへの情報の書き込みは、GPUがフレームバッファにピクセルを描くときに自動的に行われますが、ステンシルバッファにはプログラム側から自由に情報を書き込めます。

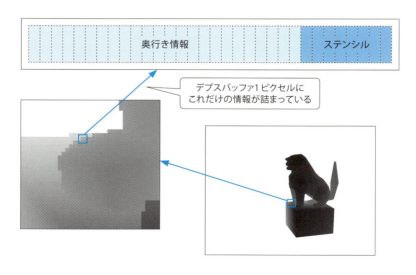

ステンシルバッファ内の値、すなわちステンシルの値がどのように作用するのか見てみましょう。 ステンシルバッファの中央付近に1が設定されていて、その他の領域に0が設定されているとします。そして、「ステンシルが0のピクセルのみ描き込める」という設定を与えた場合、指定した形状で型抜きするような効果が得られます。

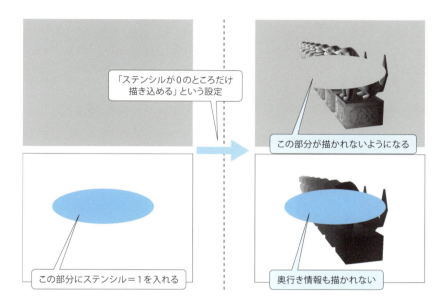

なお、ステンシルの値を調べて描画するかしないかを判定することを**ステンシルテスト**と言います。

正直なところ、ステンシルバッファの使い方はまだ完全には確立されていません。逆に言えば、新しい発想でステンシルを使いこなせばGPUへの負荷を軽減できたりするかもしれません。 あるいは、これまでになかったような新しい表現方法が見つかるかもしれません。

8.6：ビルボード

これまでに見てきたように、ゲーム中のオブジェクトは多数のポリゴンを組み合わせることで構成されます。ポリゴン数を多くすれば、プレイヤーや敵や背景オブジェクトなどをきめ細かく表現できます。ポリゴンは、形状を表現するのにとても適しています。

逆に、ポリゴンが苦手とするものもあります。それは、爆発のエフェクトや煙といった、形状のはっきりしないものです。これらはあまりにも微細であるため、多角形であるポリゴンでは表現し切れません。そこで登場するのが**ビルボード**です。ビルボードには、少なくとも隣接したポリゴン2つとテクスチャ1枚が必要です。

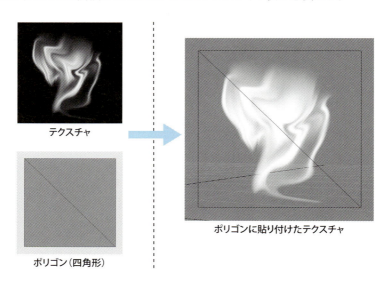

まずは、ビルボードの元になるアイデアについて見てみましょう。隣接した2つのポリゴンによって形成される四角形に煙のテクスチャを貼り付け、それをゲームの世界に置いてみます。

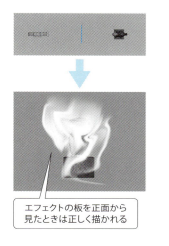
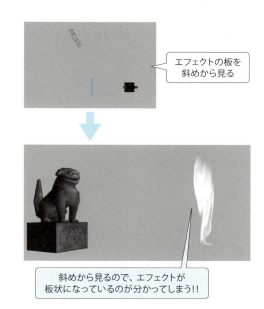

正面から見たときには、いかにも煙らしく見えます。しかしこれは、テクスチャが貼られただけの板状のポリゴンです。立体的に構成されているわけではありません。そのため斜めの方向から見ると、板状であることが一目瞭然になってしまいます。

ビルボードはこのアイデアをさらに発展させたもので、ゲーム上の視点がどこにあっても、板を常に正面に見せるようにしたものです。

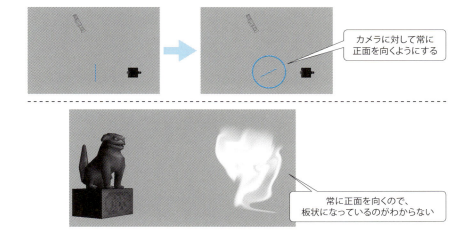

8.7：ピクセルの種類

本章のこれ以降ではピクセルとテクスチャに焦点を合わせますが、まずはピクセルから見ていきます。

既に何度も見てきたように、ピクセルはRGBAの4つの情報で構成されます。それぞれ、1バイトを使って0.0から1.0の範囲を表現します。基本的にはこのようなピクセルが使われるのですが、サイズをもっと小さくしたい場合や、0.0から1.0の範囲では足りないといった場合もあります。そのために、「1ピクセル＝4バイト」以外の形式も存在します。本章のこれ以降では、それらについて紹介していきます。

なお、これまでに取り上げてきた「1ピクセル＝4バイト」のものですが、本書ではこれを「R8G8B8A8」と表記することにします。RGBAのそれぞれが8ビット（＝1バイト）で表現されるという意味です。

8.8：2バイトピクセル

1ピクセルを2バイトに圧縮した形式があります。代表的なものを右の図に示します。「R5G5B5A1」「R5G6B5」「R4G4B4A4」の3つですが、これらの間の大きな違いはAの持ち方にあります（なお、R5G5B5A1のような呼び方は本書固有のものなのでご注意ください）。

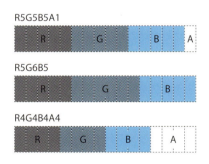

R5G5B5A1

まずR5G5B5A1ですが、RGBはそれぞれ5ビットずつ、つまり32段階になります。一方、Aは1ビットのみになっています。つまり、そのピクセルが全くの不透明か全くの透明かという表現しかできません。この形式のピクセルを半透明にすることはできません。R5G5B5A1形式は、テクスチャに穴を開けたいときに有効です。

R5G6B5

R5G6B5にはAがありません。そのため、完全に不透明だと分かっている場合に利用します。先ほどのR5G5B5A1からAをなくし、その1ビットをGに充てる格好になっています。なぜGに充てるのかと言うと、緑は赤や青よりも明るく、表現される色の幅が広いからです。

R4G4B4A4

最後にR4G4B4A4ですが、これは「1ピクセルのサイズを小さくしたいが、半透明も使いたい」という場合に使われます。Aに4ビットを充てている分、RGBの割り当てが減っています。RGBはそれぞれ4ビットなので、16段階の表現しか行えません。

マッハバンドとディザリング

2バイトピクセルはサイズを減らすという点では有効ですが、色の段階が著しく減少するので、表現力が下がってしまうというデメリットがあります。その一例として、R8G8B8A8とR5G5B5A1をグラデーションしたものを以下に示します。

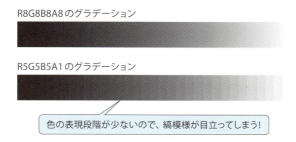

R8G8B8A8のほうは滑らかなグラデーションになっていますが、R5G5B5A1のほうは段階を示すかのような縞模様になっています。この段階状の縞模様は**マッハバンド**と呼ばれ、多くの場合、忌避されます。

マッハバンドは、**ディザリング**を行うことによって解消できます。

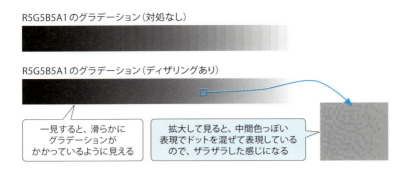

ディザリングによってマッハバンドがかなり軽減されたように見えます。1ピクセル2バイトにもなるので有用性が高そうに感じますが、後述する圧縮テクスチャ等の代替方法があるのでそこまで積極的に使われることはありません。

8.9 : HDR

これまで、RGBAの各要素は0.0から1.0の範囲の値をとると述べてきました。この範囲は「色」を表現するには十分なのですが、「色」の先にある「明るさ」のようなものを表現するには不十分です。

例えば、白い紙と蛍光灯は、色としては同じ白ですが、明るさが全く異なります。紙のほうは(R, G, B) = (1.0, 1.0, 1.0)ですが、それなら蛍光灯のほうには1.0よりもさらに上の数値を設定したくなります。そしてフレームバッファに描画した後、1.0以上の部分をぼかして光らせるのです。

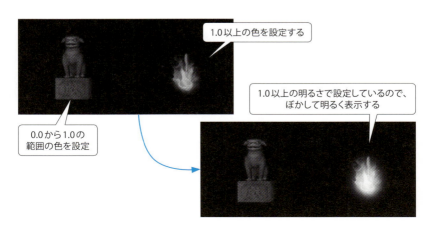

このように 1.0 以上の値を与えて明るさの範囲を広く取ることを、HDR（High Dynamic Range）と言います。この HDR を実現するために拡張されたピクセル形式があります。次のようなものです。

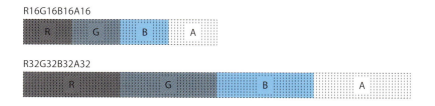

- **R16G16B16A16**：各要素が 16 ビットすなわち 2 バイトで、それぞれが半精度浮動小数点数で表されます。1 ピクセルあたりのサイズは 8 バイトになります。
- **R32G32B32A32**：各要素が 32 ビットすなわち 4 バイトで、それぞれが浮動小数点数で表されます。1 ピクセルあたりのサイズは 16 バイトになります。

いずれも、従来の R8G8B8A8 よりも大きなサイズで各要素を表現できるので、0.0～1.0 よりも広い範囲の数値を表現できます。その半面、1 ピクセルのサイズが大きくなってしまうので、メモリ容量が圧迫されると同時に GPU の負荷が増えます。そのため、従来の R8G8B8A8 を、0.0～1.0 ではなく 0.0～2.0 に見立てることで HDR を実現する場合もあります。

8.10：圧縮テクスチャ

今まで紹介したピクセルは、小さいものでも 1 ピクセル 2 バイトのものでしたが、より小さいバイトサイズのものも存在します。それが「**圧縮テクスチャ**」と呼ばれるものです。

圧縮テクスチャとは、画質は多少落ちるものの、画像ファイルを小さくして扱うテクスチャのことです。「画質は多少落ちる」というところがポイントです。

テクスチャではありませんが、まずは身近な例を挙げてみます。デジタルカメラで写真を撮ってパソコンに取り込むと、写真の画像ファイルは普通、JPEG 形式（拡張子が .jpg）で保存されます。ここで、解像度が横 2,560×縦 1,920 の 500 万画素のデジタルカメラで撮った場合の画像データについて、そのサイズを計算してみま

しょう。その画像を正確に再現するために 1 ピクセルを R8G8B8A8、つまり 4 バイトで表すとすると、次のようになります。

2,560×1,920×4 バイト＝ 19,660,800 バイト＝ 18.75MB

18.75MB ものサイズになってしまいました。

たとえばこの写真を 32GB の USB メモリに保存することを考えます。32GB を MB に換算すると 32,768MB なので、そこから考えると 32,768MB÷18.75MB ≒ 1,748 となり、USB メモリには 1,748 枚の写真を保存できることになります。

1,748 枚と聞くと十分多いように聞こえますが、更に高解像度の写真の場合だと更に圧迫され、容量不足を実感することでしょう。

こういった状況を解消するための考え方が圧縮です。画像ファイルであれば、JPEG 形式で保存することで圧縮が行われます。写真の絵柄にもよりますが、元のサイズよりもずっと小さなサイズになります。例えば次の写真の場合は、同じ解像度を保ったまま、およそ 1/10 にまで圧縮されました。

圧縮なし
2560 × 1920

サイズ：18.75MB

JPEG 形式で圧縮
2560 × 1920

サイズ：約 1.7MB

画質をほとんど変えずにサイズを 1/10 にも圧縮することができた!!

1/10 になれば保存枚数も単純に 10 倍に増えるので、USB メモリに 17,480 枚も保存できるようになります。このように JPEG 形式での圧縮は、サイズの面から見ると非常に有用だと言えます。

ただし、圧縮には欠点があります。先ほども少し触れたように、圧縮すると画質が落ちるのです。元々の色表現が正確に再現されるわけではありません。とは言え、写真の場合、この劣化はあまり気にならないレベルであることが多いでしょう。

もうひとつ注意すべき点があります。それは、圧縮後のサイズは絵柄によって変わるという点です。どのような画像も一定の割合で小さくなる、というわけではありません。複雑な絵柄のデータはあまり小さくならない傾向にあります。逆に、同じ色で塗りつぶされているような単純な絵柄のデータは、非常に小さくなる傾向にあります。

JPEG形式で圧縮
2560×1920

サイズ：約1.7MB

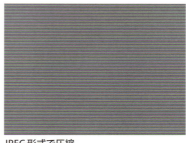

JPEG形式で圧縮
2560×1920

サイズ：約0.12MB

単純な図柄だと更に圧縮される

8.11：DXT圧縮

前節では、JPEG形式にすることで写真の画像データを圧縮できることについて説明しました。画質は多少落ちるものの、サイズをかなり小さくできることが分かったかと思います。そうすると次は、JPEG形式をテクスチャとしてオブジェクトに貼り付けることに思い至ります。しかしJPEG形式をテクスチャに用いることは非常に稀です。ゲームで用いる圧縮形式は様々なものが存在していて、今回は**DXT圧縮**と呼ばれるものを紹介します。DXT圧縮にはDXT1、DXT2、DXT3、DXT4、DXT5の5種類の形式がありますが、ここでは**DXT1**と**DXT5**を取り上げます。

DXT圧縮のメリット

DXT圧縮も画像のサイズを減らすものですが、JPEGと異なる大きな特徴は「圧縮後のサイズが一律である」という点にあります（これはDXT圧縮に限らず他の圧縮形式も同様です）。 つまり、画像のサイズを前もって計算できるということです。元のテクスチャ画像がR8G8B8A8、つまり1ピクセルあたり4バイトだとすると、DXT1は1/8の0.5バイト、DXT5は1/4の1バイトになります。

R8G8B8A8形式
512×512

サイズ：512×512×4＝1MB

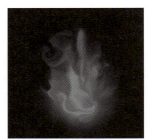

DXT1形式
512×512

サイズ：512×512×0.5＝0.125MB

圧縮で見た目が少し劣化するが、DXT1形式だとサイズが1/8にまで縮まる

圧縮後のサイズが決まっているので、ゲームプログラミングをする上では非常に扱いやすいものだと言えます。テクスチャも他のデータと同様、ディスクなどから読み込んでメモリに格納しますが、その際にテクスチャのサイズが計算できなければ困ります。 テクスチャごとにサイズがまちまちになるようでは、必要なメモリ容量を正確に把握することができず、思わぬ不具合を引き起こす可能性があるからです。 さらに、テクスチャのサイズが一律であれば、ゲームで使うテクスチャの枚数から簡単に総サイズを見積もることができて便利です。

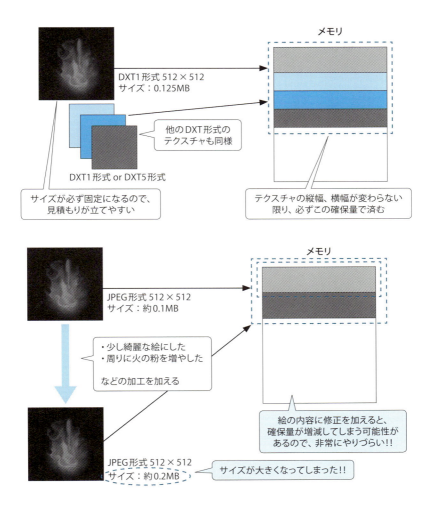

DXT1とDXT5の違い

DXT1のほうはDXT5よりもサイズが小さくなる反面、アルファの値に制限があります。0.0と1.0の2つの値しか扱えないのです。つまり、全く不透明なピクセルと全く透明なピクセルで構成されるテクスチャしか扱えません。また、DXT5よりも画像が劣化する傾向にあります。

DXT5はアルファが使えるので半透明のピクセルを表現できます。画質もDXT1より良いのですが、サイズがDXT1の倍になります。

DXT圧縮の仕組み

DXTの圧縮は、1ピクセルごとではなく、横4ピクセル×縦4ピクセルの16ピクセル単位で行われます。DXT1なら16ピクセルを8バイトに圧縮し、DXT5なら16ピクセルを16バイトに圧縮します。

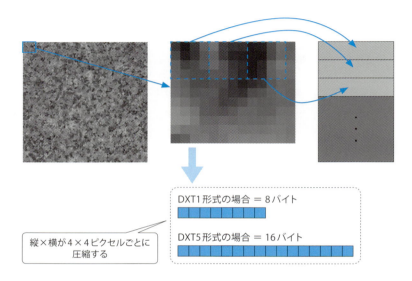

DXT圧縮の仕組みがこのようになっているので、アーティストにテクスチャを作ってもらう際には、縦横ともに4ピクセルの倍数のサイズとなるように依頼します（ちなみにDXT圧縮形式以外の場合も、4ピクセルを基本単位とするのが一般的です。圧縮形式によっては正方形じゃないと駄目というものもあります）。例えば横51ピクセル×縦26ピクセルのテクスチャは、縦横ともにピクセル数が4の倍数ではないので、扱いが非常に面倒になります（扱えないわけではありませんが）。

画質の劣化

圧縮を行うということは、本来必要なデータ量よりも少ないデータ量で画像を表現するということです。そのため、画質の劣化は避けられません。DXT圧縮の場合は横4ピクセル×縦4ピクセルという四角形の単位で圧縮を行うので、ブロック状のムラが見られることがあります。**ブロックノイズ**と呼ばれるこのムラは、一般に好ましくないものと認識されています。

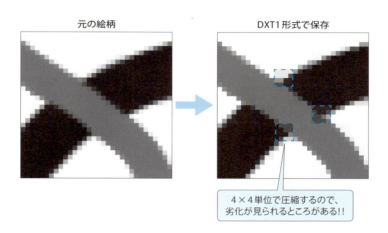

DXT圧縮に限りませんが、圧縮による画質の劣化は、写真のような絵柄ではあまり目立ちません。 一方、アニメ調の絵や文字など、輪郭がはっきりした絵柄ではより目立つ傾向にあります。

そのため、絵柄の性質やテクスチャの用途によっては、圧縮の導入を見合わせることもあります。 その場合は仕方がないので、データの削減は諦めて、他の形式を採用します。

圧縮を諦める代表的な例は文字です。 文字は、ゲームを成り立たせるために必須のものです。 文字が読みづらいようではゲームの進行に支障をきたすと考えられます。文字はくっきりと表示しなければならないので、基本的にDXT圧縮は採用しません。

8.12：ピクセル形式のまとめ

本章では様々なピクセル形式を確認してきました。それぞれの特徴をまとめてみましょう。

	1ピクセルサイズ（単位：バイト）	フレームバッファ利用	テクスチャ利用	特徴
R8G8B8A8	4	◯	◯	フレームバッファで使われる基本的な形式
R5G5B5A1	2	◯	◯	サイズは小さいが、マッハバンドが目立つ
R5G6B5	2	◯	◯	サイズは小さいが、マッハバンドが目立つ
R4G4B4A4	2	◯	◯	サイズは小さいが、マッハバンドが目立つ
R16G16B16A16	8	◯	◯	0.0から1.0以外の範囲も扱える反面、サイズが大きく重い
R32G32B32A32	16	◯	◯	0.0から1.0以外の範囲も扱える反面、サイズが大きく重い
圧縮テクスチャ（DXT1）	0.5	×	◯	小サイズだが、画質がやや落ちる。向いてない絵柄が存在する。
圧縮テクスチャ（DXT5）	1	×	◯	

ここで挙げたものが全てではありません。他にもまだいろいろな種類のピクセルが存在します。また、ゲーム機ごとに、サポートされているテクスチャ形式は異なります。そのため、ピクセルやテクスチャの性質をよく見極めて、対象となるゲーム機に最も合ったものを使うようにすることが重要です。

コラム：パレットテクスチャ

今はあまり使われなくなったテクスチャ用のピクセル形式として**パレットテクスチャ**というものが存在します。今回はこちらを紹介します。

「パレット」というのはご存じのとおり、絵画を描くときに絵具を混ぜ合わせるために使う板のことです。パレットの上にはさまざまな色の絵具が置かれます。パレットテクスチャとは、あるメモリ領域（＝パレット）に一定数の色を置いておき、ピクセルではパレット上のどの色を使うかを指定するという方式です。

8.12：ピクセル形式のまとめ

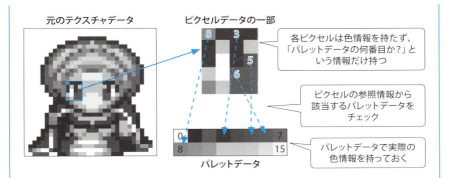

これまでに見てきたピクセルとは異なり、1つのピクセルに色情報を持たせるのではなく、パレットに色情報を持たせます。そしてピクセルには、「パレットの何番目の色を使うか？」という情報を持たせます。この点と、ピクセルとは別の場所にパレットデータを持たなければならないという点が、従来のピクセルとの相違点です。

ではデータの持ち方を見てみましょう。

パレットでは有限個の色を管理します。それぞれの色は、これまでに紹介してきたR8G8B8A8形式やR5G5B5A1形式などで保持されます。

ピクセルの方は、先述したように「パレットの何番目の色を使うか？」という情報を持たせます。この「何番目」を表すデータには1バイト（8ビット）を使う場合と、0.5バイト（4ビット）を使う場合があります。前者は8ビットですから256種類の色を指定できます。後者は4ビットですから16種類の色を指定できます。

これをパレット側から見ると、保持できる色数がそれぞれ256色、16色に制限されるということです。この制限を超える種類の色を使った表現はできません。これらはそれぞれ、**256色テクスチャ**、**16色テクスチャ**と呼ばれます。次の図は16色テクスチャのときの例です。

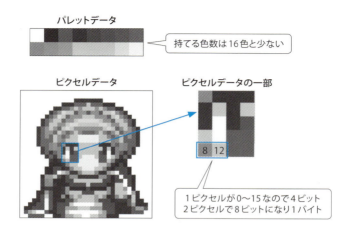

ですのでテクスチャのデータとしてのサイズは、圧縮テクスチャとほぼ同等なイメージです。

パレットテクスチャの特徴として、パレットの色を変えるだけでテクスチャ全体の色を変えることができる、ということがあります。パレット上の色を描き換えるだけなので、ピクセルを1つずつ描き換えるのに比べてずっと簡単で効率的です。この手法は、キャラクターの着ている服の色を変える場合などに多用されます。

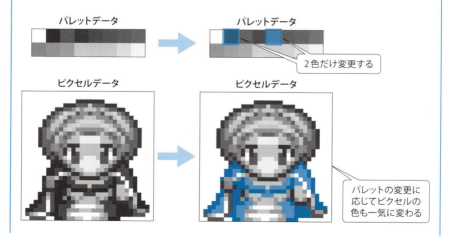

あと決まった色数のカラーしか持てませんが、圧縮テクスチャのときに見られた画質の劣化はありません（ただしテクスチャを作るときに予め減色する必要はあります）。よって圧縮テクスチャでは苦手としていたアニメ調の絵やフォント等では非常に有利です。

このようにパレットテクスチャはサイズも小さいためメモリや GPU に負担が少なく、狙った絵も作りやすいため重宝していましたが、PlayStation 3 以降のハードウェアでは GPU でサポートされることがほぼ無くなってしまいました。なぜサポートされなくなったかについては推測ですが、パレットを参照するという挙動がトリッキーなうえ、サイズ的に変わらない圧縮テクスチャをサポートし始めたため、パレットテクスチャのサポートを続けるのは有益ではないと判断されたのでは、と考えます。

著者はこの流れになったことについて非常に残念に思っていますが、時代の流れなので圧縮テクスチャで頑張る方向で考えを既にシフトしています。

8.13：まとめ

ゲームでポリゴンが使われるようになってきたのは、PlayStation あたりの世代からです。それから 20 年近くが経過し、ポリゴンやテクスチャに関するゲームプログラマのノウハウは、着実に蓄積されています。関連書籍や技術資料も、広範に出揃っています。

そんな中、ゲーム機は日々進歩を続けています。グラフィックス機能が拡張されることもあり、そういった技術の進歩に追いついていく努力が、プログラマには求められます。

その一方で、ハードウェアの機能改善がなされない部分も少なくありません。例えば、半透明の扱いです。奥のほうから順に描いていくというスタイルは、今も昔も変わりません。プログラマは、旧来の知識をもフル活用しなければならないのです。

グラフィックスの分野に限ったことではありませんが、最新技術を追うと同時に、基本技術をしっかりと自分のものにしなくてはなりません。

Chapter 9
3Dグラフィックス
～シェーダー、高速化

3Dグラフィックスの最後に紹介するのは「シェーダー」です。シェーダーは比較的新しい機能ですが、これが使えるようになったことでオブジェクトや特殊効果の表現力は格段に向上しました。

本章では、シェーダーの基本的なメカニズムを解説します。また、特殊効果の具体的な例をいくつか紹介します。さらに、処理負荷の軽減や処理速度の高速化についても取り上げます。

9.1：頂点シェーダーとピクセルシェーダー

第 7 章や第 8 章で見てきたように、3D ゲームの立体的なオブジェクトはポリゴンを組み合わせることで構成されます。ポリゴンは、頂点によって形作られる多角形です。各頂点には、座標、頂点カラー、テクスチャ座標、法線といった情報が含まれます。

GPU は、メモリに積まれている描画コマンドを参照し、指定されているテクスチャを貼り付けて、ポリゴンを描画します。最近のゲーム機では、GPU がポリゴンを描画する際に「描画のさせ方」をある程度、指示することができます。その指示の与え方に関するものを**シェーダー**（shader）と言います。

シェーダーがゲーム機に採用されるのが当たり前になってきましたが、一般的に利用されるようになってきたのは PlayStation 3 や Xbox 360 あたりの世代からです。その一方、PlayStation Portable や Nintendo DS といったハードウェアでは採用されていません。

描画プロセスにおけるシェーダーの位置付けは次のようになります。

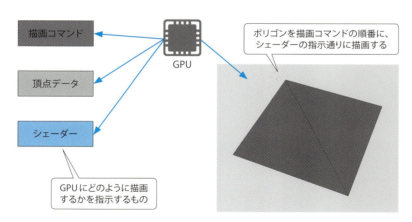

シェーダーは大きく分けて 2 種類あります。

- 頂点シェーダー
- ピクセルシェーダー

最新のグラフィックスプログラムではもっと多くの種類のシェーダーが使われますが、本書では、最も基本的なこの2つを取り上げます。

その名のとおり、頂点シェーダーは頂点に対する操作を行い、ピクセルシェーダーはピクセルに対する処理を行います

具体的には、頂点シェーダーではプロジェクション座標系（5.16節参照）への変換やライティングなどが行われ、ピクセルシェーダーではテクスチャの貼り付けなどが行われます。

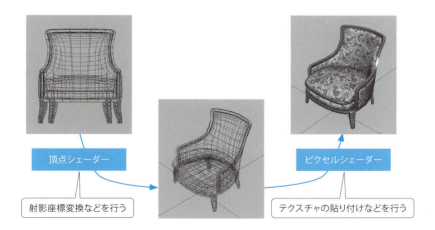

シェーダーというのはGPUに含まれるプログラムです。頂点ごとの処理を行う際にはGPUが頂点シェーダーのプログラムを実行し、続くピクセルごとの処理ではピクセルシェーダーのプログラム実行します。

3つの頂点で構成される1つのポリゴンを描画する場合、頂点シェーダーは処理を3回行うだけで済みます。しかしピクセルシェーダーは、ポリゴン内の全てのピクセルに対して処理を行わなければなりません。基本的に、ピクセルシェーダーの処理回数のほうが多くなります。

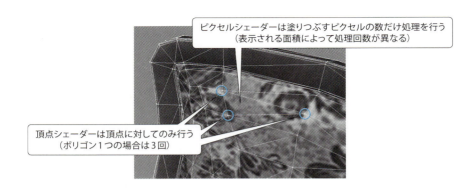

9.2：シェーダーによるライティング

頂点シェーダーは、与えられた頂点に対して演算を行い、新たな頂点情報を作ります。主たる目的は、最終的に画面に表示するためのプロジェクション座標系に、頂点を変換することです。しかしその際にライティングを行うこともできます。

ライティングを行うためには、頂点が座標と法線の情報を持っている必要があります。また、光の方向も情報として必要になります。ただし、これは頂点ごとに持っておく必要はなく、頂点シェーダーに共通のパラメータとして1回渡しておくだけで十分です。

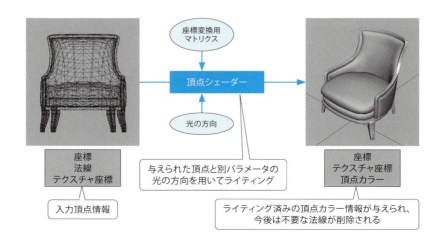

前の図では、座標、法線、テクスチャ座標の3つを持つ頂点を頂点シェーダーに渡しています（テクスチャ座標はライティングには必要ありませんが、後でテクスチャを貼る際に必要になります）。頂点の他に、光の方向も渡しています。

頂点シェーダーはこれらの情報を使ってライティング処理を行います。その処理において、ライティングを反映させた頂点カラーが算出されます。そのため、頂点シェーダーの処理結果として得られる頂点には、頂点カラーが新たに追加されています。一方、法線はラインティング処理が終わったらもう必要ないので、頂点から削除されています。頂点シェーダーが処理を終えた時点で、次の情報から構成される頂点が得られるということです。

- 座標
- テクスチャ座標
- 頂点カラー

上記の情報を持つ頂点が、ピクセルシェーダーに渡されます。ピクセルシェーダーは、受け取った頂点のテクスチャ座標と頂点カラー、および別に用意されているテクスチャの3つを使って、ピクセルの色を1つずつ決定していきます（座標も受け取っていますが、ピクセルシェーダーは座標を操作できません）。

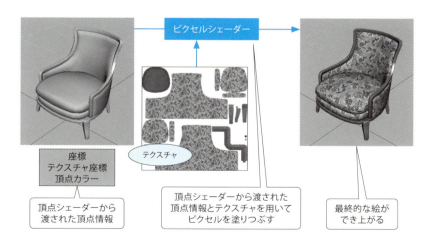

ライティング処理の全体をまとめると次のようになります。

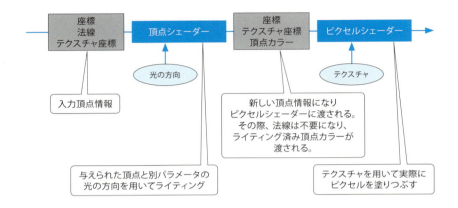

このように、頂点シェーダーとピクセルシェーダーを使って、最終的な描画結果を制御します。これらをうまく使うことで、グラフィックスの質をより高めていくことができます。

9.3：シェーダーの利用方法

シェーダーはプログラムですので、様々な方法で柔軟に利用できます。うまく活用することで、表現の幅を大幅に広げることができます。ここでは、シェーダーの様々な利用方法について見ていきます。

バンプマッピング

前節では頂点シェーダーにライティングを行わせましたが、ピクセルシェーダーに行わせることも可能です。法線を各頂点に持たせるのではなく各ピクセルに持たせ、ピクセルごとにライティングを行う、という方法になります。

ピクセルごとに法線を持たせるにはテクスチャを利用します。ポリゴンの表面に貼られる柄を表すテクスチャの他に、法線を表すテクスチャを別に用意するのです。この法線のテクスチャを**法線マップ**と言います（これまでに見てきた柄のテクスチャは**デカールマップ**と言います）。

法線マップを用意したら、頂点シェーダーでは法線を利用せず、そのままピクセルシェーダーに渡します。頂点シェーダーでは座標変換処理だけを行います。

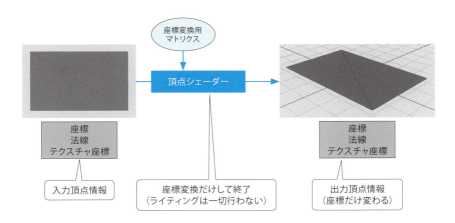

続いて、ピクセルシェーダーの処理へと進みます。ピクセルシェーダーにはデカールマップと法線マップ、および光の方向を渡して、ライティングの計算を行わせます（本当は他にも情報が必要になりますが、ここでは無視します）。

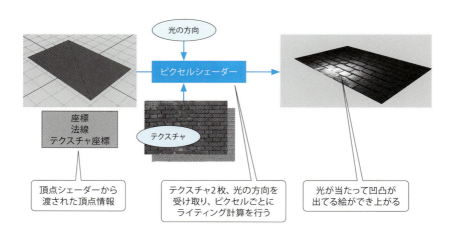

ピクセルごとに法線を持たせてライティング処理を行うため、ポリゴンの表面に凹凸感を出すことができます。この表現方法を**バンプマッピング**と呼びます。

これは、頂点シェーダーによるライティング処理では絶対にできない表現です。ただし、各ピクセルに対するライティング計算を一気に行う必要があるのに加え、テクスチャを2枚も参照しなければならないため、負荷は高くなります。

テクスチャスクロール

ゲームの背景にある川が常に流れている、といった効果を目にされたことがあるのではないでしょうか。これは、テクスチャの位置を徐々に変える、つまりテクスチャをスクロールすることで実現されます。そのため、この手法は**テクスチャスクロール**と呼ばれます。

テクスチャスクロールには次の情報が必要となります。

- デカールマップ
- 頂点のテクスチャ座標
- スクロール量を示すパラメータ

頂点シェーダーで処理する際に、スクロール量を示すパラメータの値を、頂点に含まれるテクスチャ座標に加えます。このパラメータは、ＵとＶの２要素で構成されるテクスチャ座標に加えられるわけですから、同じように２つの要素で構成します。

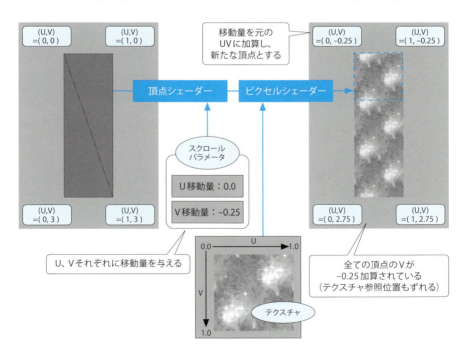

このパラメータを、1/60秒ごとに徐々に変動させることによって、あたかも流れているかのような表現が可能になります。テクスチャスクロールは比較的少ない計算量で実現できる上に、見た目の効果も大きいため、非常に有用な手法です。

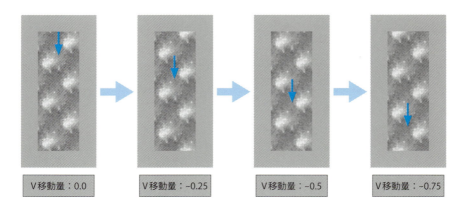

本節ではシェーダーの利用例を2つ紹介しましたが、このように工夫してシェーダーを利用することで、ゲームの表現力を各段に高めることができます。

9.4：シェーダーの負荷

このように非常に便利なシェーダーなのですが、リスクの話もしなければなりません。リスクというのは、GPUにかかる負荷のことです。

既に見てきたように、頂点シェーダーは頂点ごとに、ピクセルシェーダーはピクセルごとに処理を行います。それを踏まえて、1つのポリゴン、つまり3頂点の三角形について改めて見てみましょう。

頂点シェーダーは頂点の個数と同じ回数の処理を行います。ポリゴン1つであれば3回です。それに対してピクセルシェーダーは、ピクセルの個数と同じ回数の処理を行わなければなりません。

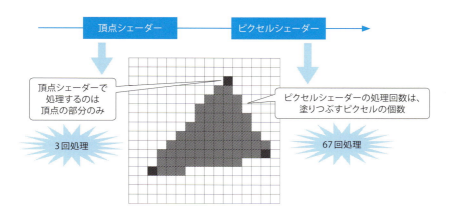

ピクセルシェーダーの処理回数は、頂点シェーダーの場合と違って、決まった回数にはなりません。このことは、ポリゴンを近くから見たときと遠くから見たときのことを考えると分かります。

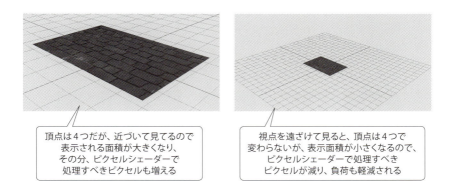

ポリゴンは、視点が近づいた場合には大きく表示されなければなりません。つまり、より多くのピクセルを描かなければならず、ピクセルシェーダーの処理回数が増加します。シェーダーを利用する場合は、この点に考慮する必要があります。かと言って、「負荷を下げるためにポリゴンに近づけないようにする」というのでは本末転倒です。ゲーム内のあらゆるシチュエーションを想定し、負荷をコントロールすることが重要です。

コラム：物理ベースレンダリング

シェーダーによる法線などを使ったライティング計算などを取り上げましたが、現世代機ではそこから更に踏み込み、物体に対する光の反射、屈折等を物理的に厳密に計算してリアルに見せようという計算モデルが使われるようになりました。これによる描画を**物理ベースレンダリング**（Physically Based Rendering：PBR）と呼びます。

「物理的に」と書くと非常に複雑なものだと想像できますが、実際に計算式は複雑で、筆者も正直言いましてキチンと説明することはできません。

ただその計算は厳密ではなく、コンピュータグラフィックスとして処理することを踏まえ、ある程度計算は簡略化しています。そして物理ベースレンダリング内でも様々な計算方法が存在しています。

重要なのはパラメータの特徴を掴むことです。代表的なものとして**Metallic**（メタリック）と**Roughness**（ラフネス）を挙げます。

Metallic は物体の「金属らしさ」を表現するパラメータで、0〜1の範囲で表現されます。Roughness は物体表面がザラザラかどうかを表現するパラメータで、こちらも0〜1の範囲で表現されます。

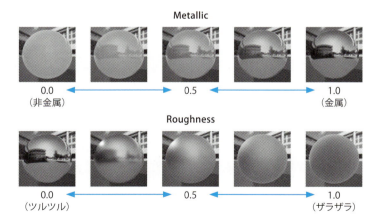

両方ともパラメータの数値を調整することで、意味合いを実感できるかと思います。

物理ベースレンダリングを用いることのメリットとして、物理的に考慮していることからパラメータの意味合いが思ったよりも感じ取りやすいということと、以前の構成よりパラメータ自体の個数が比較的少なくなる、ということが挙げられます。

最近ではゲームエンジンでも標準のシェーダーとしてこの物理ベースレンダリングが搭載されていることが殆どで、一から組むこともなく気軽に使いやすくなってきています。名前から受けるイメージ的に難しいものと思われがちですが、実際に触って慣れていくと良いでしょう。

9.5：ポストフィルタとレンダーテクスチャ

ポリゴンやテクスチャを使えば3Dの各種オブジェクトを描くことができます。しかしそれだけでは少し物寂しい印象になります。そこで、オブジェクトを一通り描いた後でそれらに対して画像処理を施して、際立った印象や豪華な印象などを加えることがよくあります。このような描画後に行う処理を**ポストフィルタ**と言います。オブジェクトを描くのとは勝手が違いますし、GPUにもそれなりの負荷がかかりますが、インパクトのある見た目が得られます。

ポストフィルタを処理するために欠かせないのが**レンダーテクスチャ**です。これまでのところ、GPUが絵を描く先としてはフレームバッファだけを取り上げてきました。しかしこれ以外の場所にも描くことが可能です。その場所がレンダーテクスチャです。

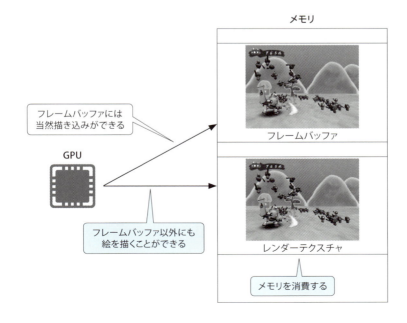

「レンダー（render）」というのは「描く」という意味ですから、レンダーテクスチャというのは「テクスチャを描いて作る」といったことを指します。

レンダーテクスチャに描かれた絵は、テクスチャとして利用できます。テクスチャであれば、フレームバッファに好きなように描き込めます（ちなみに、フレームバッファもレンダーテクスチャの一種です。そのため、フレームバッファの内容も、テクスチャとして別のフレームバッファに描き込むことができます）。

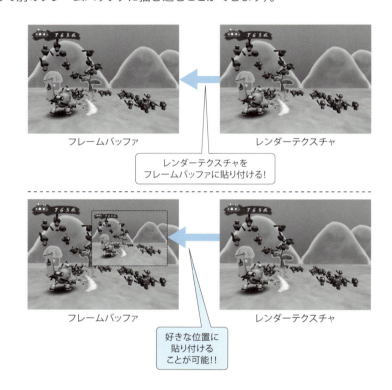

レンダーテクスチャに描画して、それをテクスチャとして利用する、というところがポストフィルタの肝となります。続く2つの節で、ポストフィルタの具体例を紹介します。

9.6：ブルーム

ここでは、**ブルーム**（bloom）と呼ばれるポストフィルタを紹介します。これは、画像の中の比較的明るい部分だけを光らせる手法です。

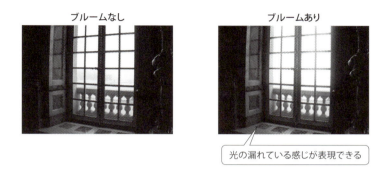

ブルームを実現するためにはまず、オブジェクトなどを通常の手順でフレームバッファに描画します。次に、フレームバッファの絵の中の明るい部分だけを抽出します。その部分を、フレームバッファよりもサイズの小さなレンダーテクスチャにコピーします。

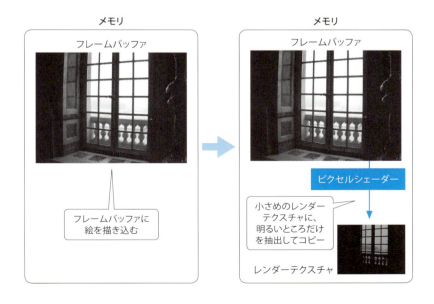

明るい部分の抽出は、各ピクセルのRGB値から一定の値を引き算することで行います。例えば、RGB値が0.0から1.0の範囲で設定されている場合、各ピクセルのRGB値から(0.5, 0.5, 0.5)を引きます。すると、元々暗い色になっていたピクセルはRGB = (0, 0, 0)となり、黒く塗りつぶされた状態になります。そして、明るい部分だけが残されます。この処理は、ピクセルシェーダーで行われます。

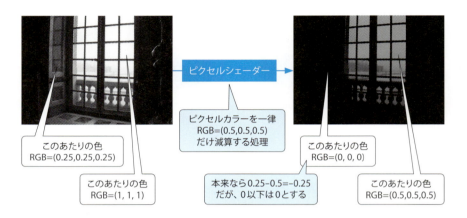

次に、レンダーテクスチャをもう1枚用意します。そしてここに、先ほど用意した明るい部分のレンダーテクスチャをぼかしてコピーします。

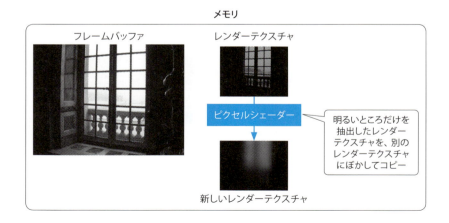

このぼかし処理も、ピクセルシェーダーで行われます。あるピクセルをぼかすためには、そのピクセル周辺の数ピクセルを参照する必要があります。当該ピクセルを参照するだけでできる明るさ抽出に比べて、処理負荷がかかります。

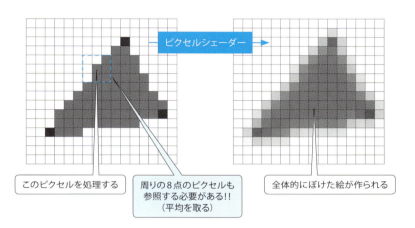

続いて、このぼかしたレンダーテクスチャを、元のフレームバッファに重ねて合成します。こうすることで、明るい部分が柔らかく輝いた絵ができ上がります。

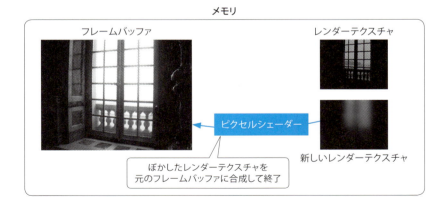

このように、レンダーテクスチャを何回か利用することで、効果的な絵を作ることができます。一度別のレンダーテクスチャに描き込んで、それをテクスチャとしてフレームバッファに貼り付けるのが、ポストフィルタの基本的な流れとなります。

ところで、ここでは明るさ抽出とぼかしの両方の処理で、フレームバッファよりもサイズの小さなレンダーテクスチャを使いましたが、これには2つの理由があります。ひとつは、メモリ使用量を抑えることです。レンダーテクスチャもメモリに置かれるものなので、サイズを下げたほうが有利です。もうひとつは、GPUの処理負荷を軽減することです。レンダーテクスチャのサイズを下げれば面積が減り、処理すべきピクセルの数も減るのです。つまり、ピクセルシェーダーの処理回数が少なくなるということです。

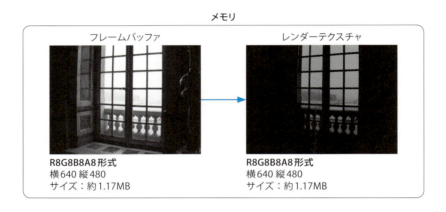

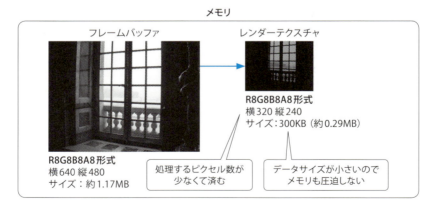

9.7：被写界深度

ブルームに続いて、ここでは**被写界深度**(Depth of Field：DOF)と呼ばれるポストフィルタを紹介します。写真がお好きな方はご存じでしょうが、そうでない方には聞き慣れない言葉かもしれません。テレビの映像や写真の画像をよく見ると、ピントが合っている部分よりも奥のほうや手前のほうがボケていることが分かります。これは、レンズの性質上、ピント面からある程度の距離、離れた部分はボケるようになっているからです。被写界深度というのは、ピント面からどの程度の範囲までピントが合うかを示す言葉です。

この「ピント面から離れた部分はボケる」という光学レンズの性質をゲームに取り入れることで、演出効果を得ることができます。

被写界深度なし

被写界深度あり

この椅子に焦点が合っているかのように、手前や奥をぼかして表示する

被写界深度の効果を実現するには、ブルームよりも若干、多くの手間がかかります。というのは、通常のカラーバッファの他にデプスバッファも利用するからです。手順を見ていきましょう。

まず、通常のオブジェクトをレンダーテクスチャに描画します。その際、デプスバッファにも奥行き情報が書かれるはずです（次のページの上の図を参照）。

続いて、このレンダーテクスチャとデプスバッファをテクスチャとして利用して、フレームバッファに描き戻します。その際、ピクセルシェーダーで被写界深度の効果を入れながら戻します。

描き戻す際にピクセルシェーダーは、デプスバッファに含まれる各ピクセルの奥行き情報を参照します。そして奥行きの度合いに応じて、ピクセルをぼかします。ぼかす処理はブルームのときと同様です。当該ピクセルの周囲のピクセルを参照しながら、ぼかし具合を決定します。このようにしながらフレームバッファに描き戻すことで、「被写界深度の効果」を得ます（下の図を参照）。

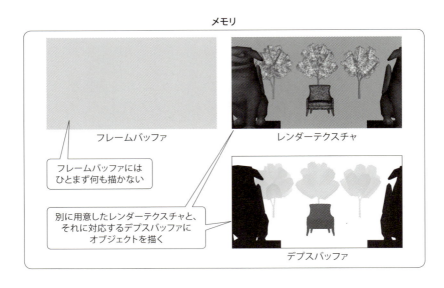

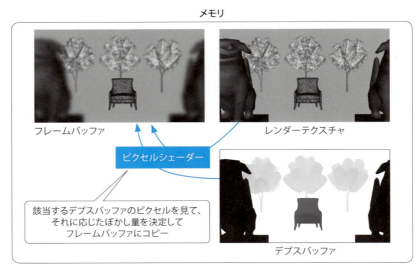

ブルームの場合と比べて、レンダーテクスチャへのコピー回数は少なくなっています。ただし、レンダーテクスチャとデプスバッファのサイズは原寸と同じであるため、その分の処理負荷がかかります。 この負荷を軽減するためには、サイズの小さなレンダーテクスチャを新たに用意して、そこにデプスバッファを縮小コピーします。ピクセルシェーダーがピクセルを描き戻す際にこちらを参照すれば、負荷を軽減できます。

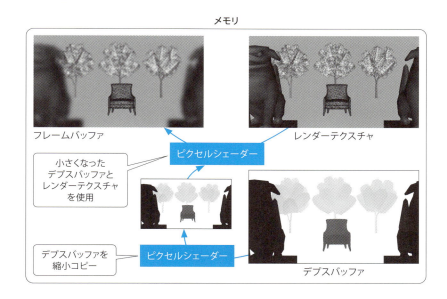

ピント面からどれだけの距離、離れているところをぼかすかは、ゲームの状況に応じて自由に変更できます。CPUで距離情報を決定し、その情報をパラメータとしてシェーダーに与えることで制御します。

コラム：シェーダー作成の変遷

本章の冒頭で触れたように、ゲーム機にシェーダーが採用されてきたのは最近になってからのことです。そんなシェーダーの作成方法ですが、昔は「アセンブラ」というGPUが解釈しやすい形態のもので作成していて非常に難解だったのですが、現在はプログラムで言うところの「C言語」ライクな言語で作成するのが主流になっています。

それで格段に作成はしやすくなったのですが、やはりプログラマーだけのものという印象は拭えません。そこで、ゲームエンジンなどで主流になってきたのが**ノードベースによるシェーダー作成**です。

「ノード」と呼ばれる役割や機能を持たせた節に対しそれを接続して、最終的な出力カラーを設定するといったものです。

次の図は「UnrealEngine 4」の「マテリアルエディタ」と呼ばれるもので作成している様子です。

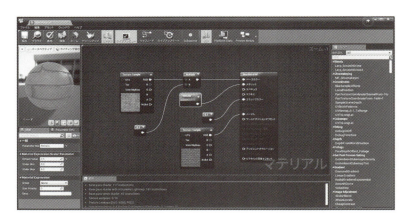

ノードは加算や減算といった基本的なものから、高度な計算を行うものも存在します。複雑なライティングなどはエンジン側に任せて、その直前の必要となるパラメータ（カラーや法線情報など）を出力するのがメジャーな使い方になります。

ノードベースを利用するメリットですが、一見して処理の流れが分かりやすいということもありますが、プログラマー以外、例えばアーティストなども作成しやすくなったのも大きいです。

> シェーダーは絵作りに大きく寄与するのですが、プログラム言語のような記載だとプログラマー以外ではなかなか着手しづらく、プログラマーとアーティストが連携してシェーダーを作成するか、テクニカルアーティストと呼ばれる職種の人間が作成する流れにどうしてもなってしまいます。
>
> その反面、ノードベースだと言語を覚えることもなく、グラフィカルにシェーダーが組めるので入りやすいです。
>
> ただ単純な処理でもノードを配置して接続して・・・とする必要があるので、コードを書くのに慣れている人は構築スピードが違ってきますし、複雑な処理も組みやすいケースがあります。
>
> しかし食わず嫌い的にノードベースを避けるのではなく、両者のメリット＆デメリットを見極め、最適な選択をできると良いでしょう。

9.8：より綺麗に見せるための高速化

ピクセル、ポリゴン、テクスチャ、シェーダーなど、絵を描くための基本的なツールを説明してきました。これらを用いれば最低限の絵を描くことはできそうです。ただし、絵を描くにはGPUの力を借りなければなりません。もしGPUの負担を軽減することができるのであれば、上記のツールをより多く、より濃密に、より頻繁に活用できます。そしてその結果、より美麗な絵をプレイヤーに見せることができるはずです。

これまでも要所要所で負荷軽減の工夫を取り上げてきましたが、これ以降の数節では、負荷軽減や高速化の手法をさらに紹介していきます。

9.9：フレームバッファのサイズ

ゲームの絵を表示するには、1/60秒や1/30秒といった周期でフレームバッファを描き換えなければなりません。では、その際に、どれだけの量のデータを描き換える必要があるのでしょうか？　これまでに見てきた解像度やピクセルに関する知識に基づいて、算出してみましょう。

解像度は、現行機の主流である「1,920×1,080」であるとします。そして1ピクセルをR8G8B8A8で表すとすると1ピクセルあたり4バイトとなるので、フレームバッファのサイズは次のように算出されます。

$$1,920 \times 1,080 \times 4 \text{バイト} = 8,294,400 \text{バイト} \fallingdotseq \text{約} 7.9 \text{メガバイト}$$

約7.9メガバイトも描き換える必要があるということです。ただし、絵というのは途中で上書きすることも多いので、実際は7.9メガバイトだけ描き換えればいいというわけではありません。それ以上に、フレームバッファにアクセスすることになります。

一概には言えませんが、フレームバッファのサイズが小さいほど、GPUの負担が軽くなる傾向にあります。ここで、ピクセルの形式をR8G8B8A8からR5G6B5（1ピクセルあたり2バイト）に変更してみましょう。すると次のような計算となります。

$$1,920 \times 1,080 \times 2 \text{バイト} = 4,147,200 \text{バイト} \fallingdotseq \text{約} 3.96 \text{メガバイト}$$

ピクセルのサイズが半分になったので、フレームバッファの総量も半分になります。つまり、GPUが描き換える量が半減し、負荷が軽減されたということです。ただし、ピクセルの精度を下げると色表現の幅が狭くなったり、マッハバンドが発生しやすくなったりします。見た目とデータ量とのトレードオフだということです。

9.10：レンダーテクスチャを使った負荷軽減

前節では解像度を「1,920×1,080」と仮定しました。当然のことながら、解像度を下げればGPUが描くピクセルの数が減り、負荷を軽減できます。しかし、フレームバッファのサイズは一般に固定されており、サイズ変更は基本的にできません。そこで、ポストフィルタの処理で活用したレンダーテクスチャを、負荷削減の目的で使うことを考えます。

まず、レンダーテクスチャを用意します。サイズは、「1,920×1,080」のフレームバッファよりも一回り小さい「1,536×1,080」とします。

9.10:レンダーテクスチャを使った負荷軽減　　287

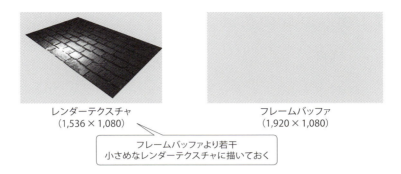

このレンダーテクスチャにオブジェクトなどを描き込んでいきます。一通りオブジェクトが描けたら、フレームバッファに引き伸ばしながらコピーします。

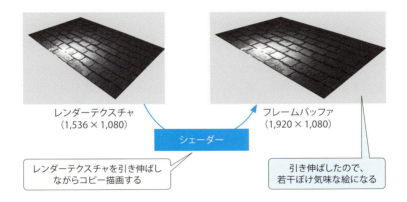

「1,536×1,080」の面積は「1,920×1,080」の80％です。フレームバッファにコピーする処理は増えますが、それを差し引いても、面積が2割減になるというのはGPUの負担を軽減させます。ただし、小さく描かれた絵を大きく引き伸ばすわけですから、絵のシャープさが損なわれ、全体的にぼやけた感じの絵になってしまいます。ここでもやはり、見た目とデータ量とのトレードオフが発生します。両者のバランスをうまくとらなければなりません。

9.11：ポリゴンの裏表

ゲームのオブジェクトは多数のポリゴンが組み合わさって形作られています。このようなオブジェクトを描画する際、そのオブジェクトを構成するポリゴンの全てを描画する必要はないはずです。物体をある方向から見た場合、裏面や陰になっている部分は見えないはずだからです。

仮に全てのポリゴンを描いてしまったとしても、デプスバッファの奥行き情報があるので、裏面のポリゴンが手前に描かれるような不具合は起きません。しかし、表示されないポリゴンまでGPUに処理させるのは明らかに無駄です。

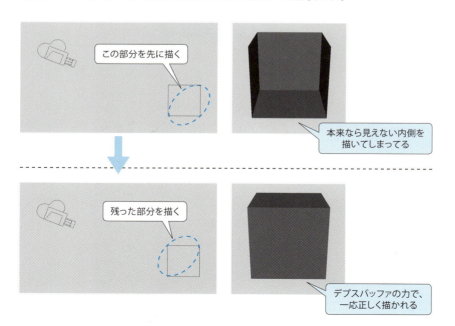

そこで生まれてきたのが「ポリゴンに裏表の概念を持たせる」というアイデアです。「表は普通に表示し、裏は表示しない」という特性をポリゴンに与えてやるのです。

ポリゴンの裏表の判定には「頂点の番号順」と「法線」が利用されます。三角形のポリゴンを形成するには3つの頂点が必要になりますが、これらの頂点に番号を付けます。そして、番号順に頂点をたどった際の軌跡が時計回りであれば裏を見ていることとし、反時計回りであれば表を見ていることとします（このルールは逆でも構いません）。裏表が決まったところで、次は「法線は表面から伸びる」というルールを設けます。

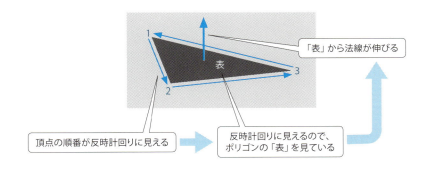

このようにルールを定めると、物体の法線は全て外側に向かって伸びることになります。

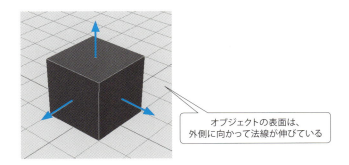

ポリゴンを描画する際には、ライティングの処理（7.7節参照）の場合と同じように視線と法線との内積をとり、ポリゴンの裏表を判断します。

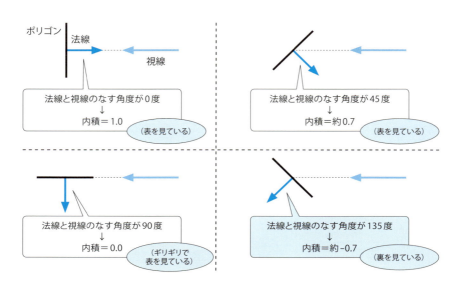

表だと判断された場合はそのまま描画を続け、裏だと判断された場合は以降の描画処理を省略します。

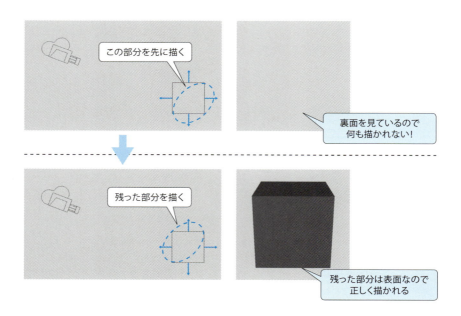

このように、ポリゴンに表裏を設けることでGPUへの負荷を軽減できます。

9.12：LOD

オブジェクトは多数のポリゴンで構成されます。その数は増加の一途をたどっており、最近のゲームでは１つのオブジェクトに数千、数万のポリゴンを要します。

このポリゴンの多さは、オブジェクトが画面に大きく表示されるときには効果を発揮します。非常に滑らかに描かれるからです。しかし逆に、オブジェクトが遠方に小さく表示されるときには、それだけの数のポリゴンが必要だとは必ずしも言えません。ことによると、過剰だとさえ言えるでしょう。

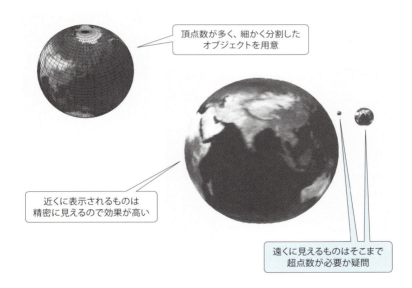

こうして、「遠方のオブジェクトは、ポリゴンをそれほど使わなくても見た目が損なわれることはないだろう」というアイデアに至ります。そこで生まれてきたのが、**LOD**（Level Of Detail）と呼ばれる手法です。これは、視点からの距離に応じて表示するオブジェクトを変更するというものです。

仕組みは単純で、まずはあるオブジェクトに対して、ポリゴン数が少ないものを別にいくつか用意します。

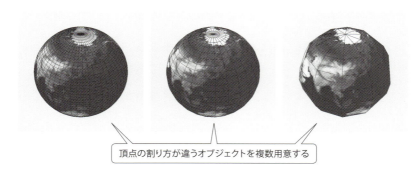

頂点の割り方が違うオブジェクトを複数用意する

そして、ビュー座標系に変換したときに視点からの距離を測り、その距離に応じてオブジェクトを使い分けます。オブジェクトが近くにある場合はポリゴン数の多いものを使い、遠くにある場合は少ないものを使います。遠方のオブジェクトは、ポリゴン数が極端に少なくても、見た目はあまり損なわれません。

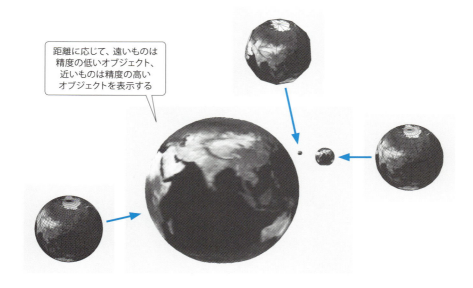

距離に応じて、遠いものは精度の低いオブジェクト、近いものは精度の高いオブジェクトを表示する

このように、LODを使うことで描画するポリゴン数を減らすことができ、GPUへの負荷を軽減できます。

ただし、オブジェクトを余計に用意しなければならないので、その分、メモリ消費が増えます。また、どの距離でオブジェクトを切り替えるかによって、見た目への影響が変わります。ときには、切り替えによって描画品質がはっきりと落ちてしまうことがあります。こうったデメリットもあるため、導入を見合わせる場合もあります。

9.13：ミップマップ

前節の LOD はポリゴン数（ひいては頂点数）を抑えるための手法でしたが、オブジェクトに貼るテクスチャに関しても似たような手法があります。**ミップマップ**（mipmap）と呼ばれるものです。

オブジェクトに貼り付けるテクスチャの解像度が高くなると、GPU への負荷も高まります。そこで、解像度の低いテクスチャをいくつか用意しておいて、視点からの距離に応じてテクスチャを切り替えます。オブジェクトが遠方に小さく表示されるときには解像度の低いテクスチャを貼り付けるようにします。こうすれば、GPU への負荷を軽減できます。

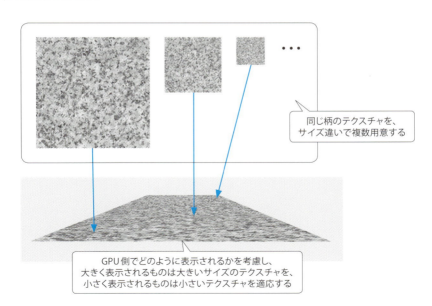

テクスチャの解像度は、基本的に、縦横1/2ずつになるように下げていきます。元のテクスチャが512×512の場合、その1つ下のレベルは256×256となり、さらにもう1つ下のレベルは128×128となります。

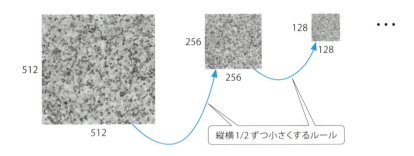

LODの場合はプログラム側で距離を設定し、オブジェクトを切り替えますが、ミップマップの場合はGPUがある程度自動で処理を行ってくれます。その分、LODよりも使いやすいものだと言えます。

ミップマップの欠点としては、メモリ使用量の増加が挙げられます。これは、LODで複数のオブジェクトを使うのと同じように、ミップマップでは複数のテクスチャを使うからです。テクスチャが増える分の追加のメモリ消費は避けられません。ただ、テクスチャのサイズを1/2ずつ下げていくというルールがあるので、どれだけのメモリが必要になるのかを計算するのは簡単です。

実際に計算してみましょう。元のテクスチャが「縦1×横1」だとすると、次のテクスチャは「縦1/2×横1/2」となります。同様に、「縦1/4×横1/4」「縦1/8×横1/8」「縦1/16×横1/16」というサイズになっていきます。あるテクスチャのメモリ使用量はそのテクスチャの面積に相当するので、追加されるメモリ使用量の総計は次のように計算されます。

$$1/4 + 1/16 + 1/64 + 1/256 \cdots \fallingdotseq 1/3$$

ミップマップによって追加されるテクスチャのサイズは元のテクスチャの1/3程度だ、ということです。元々のメモリ使用量が1だとすると、これが1.33程度になるだけで済むわけです。

このようにミップマップは、メモリ使用量を計算しやすい上に、それほど多くのメモリを消費しません。そういった点で、非常に使い勝手の良い手法です。

9.14：不透明の描画順序

「半透明は奥から順に描かないと見た目がおかしくなるが、不透明はデプスバッファが対処してくれるので気にしなくていい」ということを8.2節で説明しました。不透明に関して「気にしなくていい」というのは、「見た目が破綻しない」という意味にすぎません。GPUの負荷という観点からは、不透明についても描画順序を気にしなくてはなりません。

ここで、ピクセルシェーダーに目を向けます。ピクセルシェーダーはピクセルごとに処理を走らせます。当然、描画される面積が大きければ大きいほど、GPUにとっては負担になります。

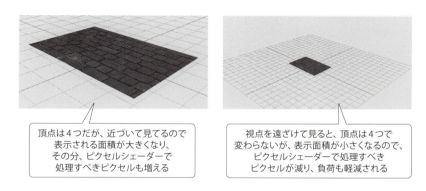

頂点は4つだが、近づいて見てるので表示される面積が大きくなり、その分、ピクセルシェーダーで処理すべきピクセルも増える

視点を遠ざけて見ると、頂点は4つで変わらないが、表示面積が小さくなるので、ピクセルシェーダーで処理すべきピクセルが減り、負荷も軽減される

描画するピクセル数を抑えるというのが、GPUの負荷に関して非常に重要になります。そこでデプスバッファですが、ピクセルを描くときにデプステストを行い、それに失敗すると、ピクセルシェーダーの処理をスキップさせます（そうならない場合もときにはあります）。ですから、不透明を描く際にデプステストが頻繁に失敗するようにすると、GPUへの負荷が軽減されます。

不透明のオブジェクト2つを奥から順に描くときと、手前から順に描くときの様子を見てみましょう。

296 3Dグラフィックス 〜シェーダー、高速化

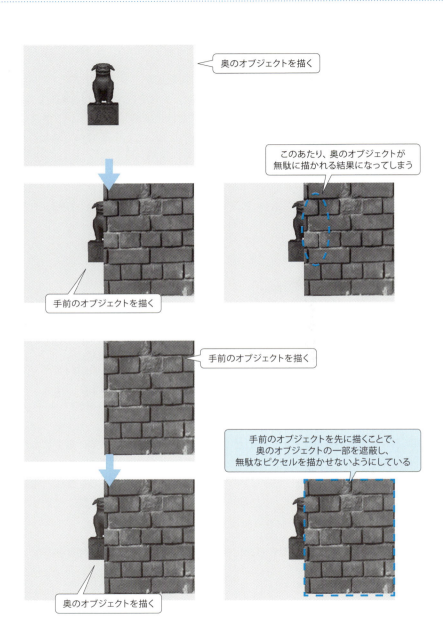

デプスバッファが機能するので最終的に同じ見た目になりますが、過程は異なります。奥から順に描いた場合はデプステストに失敗せず、最終的に遮蔽される部分までいったん描かれます。この部分の描画でもピクセルシェーダーは処理を行うわけですから、その分、GPUに余計な負荷がかかります。

手前から描いた場合、手前のオブジェクトは普通に描かれます。しかし、後方のオブジェクトを描く際にデプステストに失敗するので、遮蔽されている部分をピクセルシェーダーが処理することはありません。その分、GPUへの負荷が軽減されます。

このように、不透明なオブジェクトであっても描画順には意味があります。手前から順に描くことによって、後方のオブジェクトのより広い部分が遮蔽され、その分、ピクセルシェーダーの処理回数が少なくなり、GPUへの負荷が軽減されます。

ゲーム機にシェーダーが普通に搭載されるようになった現在、これは非常に有用なテクニックです。

コラム：Deferred Rendering

ここまでシェーダーによる描画について説明しましたが、描画の原則として、空間にあるポリゴンで構成されたオブジェクトをライティングなど考慮して順に描いていくのが基本です。

このような描画手法を **Forward Rendering**（フォワードレンダリング）と呼びます。

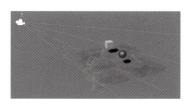

3Dゲームが登場してからしばらくの期間はこの方法でゲームのグラフィックスが描けたのですが、ゲーム内で多数のライトを扱いたい、素材表現をリッチにしたいという需要が出てきて、主にピクセルシェーダーにおける負荷が高くなる傾向が出始めました。

不透明を手前から描画するといっても重ね書き部分が全くゼロになるわけではなく、そういった部分で無駄で高負荷なピクセルシェーダーが掛かってしまいます。それを打破するための描画手法が **Deferred Rendering**（ディファードレンダリング）と呼ばれるものです。

これはオブジェクトを描画する際、ライティングは行わずにカラー、法線などの各種情報を複数のレンダーターゲットに書き込み、最後にそれらを使い、ライティング計算等を含めて合成する手法です。

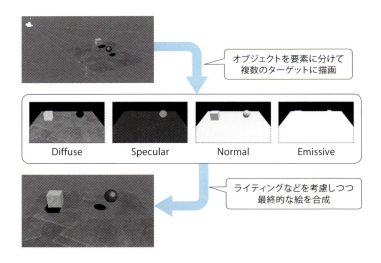

ポストフィルタ的な発想が加わるのがポイントです。

この手法により、少なくともライティング等の高負荷な計算においてはピクセルの重ね書きが存在しないことになります。

一見良さそうに見えるこの手法ですが、欠点として、半透明には適応できません。半透明の状況によって1ピクセルに対してオブジェクトが1つでは無くなるからです。

別コラムで取り上げたディザパターンの半透明を使えば回避できますが、それでもエフェクトなどで半透明を使いたい局面が出てきます。その際は半透明用に別のシェーダーを用意する必要があり、作成コストが掛かるのとシェーダーの管理も大変になります。

実はForward Renderingも進化を続けており、**Forward+ Rendering**（フォワードプラスレンダリング）というものも存在します。これは原則としてForward Renderingの様にオブジェクトごとに描画をするのですが、その前に画面に対し、例えば16×16ピクセル単位でライトの影響個数を算出し、オブジェクトを描画する際はそのライトに対してのみ計算するものです。端的にいえば遠すぎるライトは計算から省くのを事前に割り出しているのです。

こちらの手法だと半透明が使えるので不透明と半透明でシェーダーを分ける必要が無いのですが、事前のライト割り出しの部分を作るのにかなり手間が掛かります。

どちらも一長一短ありますが、その特性と動作を理解し、プロジェクトで適切な描画手法を選択したいものです。

9.15：まとめ

グラフィックスはユーザーが真っ先に目にする部分です。そのため、ゲームの中でもとりわけ重要な部分だと言えます。グラフィックスは、ユーザーがゲームの良し悪しを見極める際の判断材料として、大きなウェイトを占めています。

ゲーム機の特性やそこで用いられる技術は日々、進歩しています。特にグラフィックス関連の技術の進歩には目を見張るばかりです。それだけに、プログラマにとってはプレッシャーのかかる部分です。しかし、結果が文字通り目に見えるので、やりがいのある分野でもあります。

ネットなどでゲームのグラフィックスについて調べると、多くの数式が出てくることがありますが、現実問題としては、あまり難しく考える必要はありません。メモリ使用量を見積もるなど、目の前の現実に対処するための計算は必要になりますが、数学の理論が分からなくてもリアルな絵は作り出せます。

もちろん、グラフィックスの背後にある数学理論に挑戦することも大切です。しかし、ゲーム開発者としては、ユーザーが納得してくれるゲームを提供できればよいのです。グラフィックスに関して言えば、適当であれあてずっぽうであれ、とにかく見た目をよくすることができれば成功です。アイデア勝負で面白い絵を作ってしまえば、最終的にユーザーの評価を得ることができます。

特にポストフィルタはその最たる例です。厳密な計算ではなく2次元上の画像加工で大きな効果が得られるのですから、アイデアを発揮するのにもってこいの領域です。

これからプログラムを始める方に言いたいのは、グラフィックスのプログラムは一番入りやすいところであり、初心者に向いているということです。プログラムを修正すれば、その結果がすぐに反映されるからです。自分の書いたプログラムが何をしているのか、一目で簡単に把握できます。また、他人に見せた場合にもすぐにフィードバックが得られるので、腕を磨くのに最適な分野のひとつです。

Chapter 10
ゲームプログラミングの物理学

ゲームでは、キャラクターのアニメーションの他にも「動き」が必要となります。敵に向かって弾を発射する、落下したあとに地面にきちんと着地するなど、物理的な法則に基づいた動きです。これらは、あらかじめ決められた動きを再現するアニメーションとは違い、物理計算によって動的に決められます。

物理学の中でも、ゲームで主に使われるのは、動きを司る「力学」です。本章では、この力学を、ゲームプログラミングに即して分かりやすく解説していきます。数学と同様、物理学は敬遠されがちな学問分野ですが、基本を押さえるだけでも大きな力を発揮します。

10.1：座標の単位と座標の扱い

座標の単位

ゲームに物理を取り入れるにあたり、真っ先に決めておきたいことがあります。それは、**座標の単位**です。単位とは、メートル（m）とかキロメートル（km）といったものを指します。

例えば距離・長さの単位をセンチメートル（cm）としたとしましょう。この場合、「150」は150cm、つまり1.5mだと数値を見て判断できます。これにより各オブジェクトのサイズや、オブジェクト間の距離などが容易に想定できます。

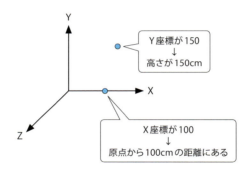

サイズや距離だけではなく、速度もこの数値で分かりやすく考えることができます。例えば、あるオブジェクトが1秒間に「100」の距離を移動したとすると、秒速1m（＝時速3.6km）だということが容易に判断できます。

このように、座標の単位を定めることで、各種の物理計算をゲームに取り入れやすくなります。

座標の扱い

単位に加え、XYZ軸の扱いについても考える必要があります（現在のゲームは3Dが主流なので、3本の軸を考えます）。つまり、どの軸をどういう役割と考えるかということです。

現実世界で考えると、基本的には平らな平面の上を歩いて、そこに上下の空間が広がっています。同様にゲームでも、移動するための平面と、ジャンプなどをするための上下の空間が必要になります。

ゲームの設計にもよりますが、一般には、X軸とZ軸によって成される面を移動可能な水平面とし、Y軸は上下方向を表すものとします。

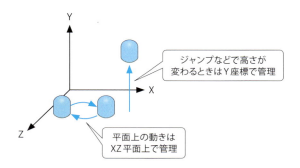

10.2：現実世界での速度

ここでは、**速度**について考えます。移動する自動車の速さであったり、投手が投げた球の速さといったものです。距離や長さと同様に、速度も数値化されますが、その際の単位として次のものをよく見かけます。

　　km/h

これは**時速**を表します。1時間でどれだけの距離を進むのかを数値化したものの単位です。この表記は普段、何気なく使われますが、少し掘り下げて考えてみましょう。

この表記には「/」（スラッシュ）が使われていますが、これが分かりづらいかもしれません。そこでkm/hを、別の表現で書いてみます。

このように、「/」は分数を表しています。つまり「km/h」とは、「h分のkm」ということです。「km」はキロメートルです。hは「hour」の頭文字であり、1時間を意味します。よって「km/h」は、「『1時間』分の『キロメートル』」ということになります。

「距離」を「時間」で割るとは、どういうことでしょう？ そこで、60km/hに対して1h、つまり1時間を掛け算してみます。

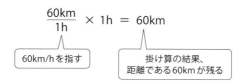

このように、60kmになります。時間を掛け合わせることによって、最終的に距離が残るということです。つまり、km/hとは、1時間（という単位時間）でどれだけ進むかを示すものです。このような単位時間あたりの移動距離を、速度と言います。単位時間が1時間である場合の速度は、先に触れたように「時速」と呼ばれます。

続いて、60km/hに2hを掛けてみましょう。今度は120kmになるはずです。1時間で60km進むのですから、当然2時間では倍の120kmになりますね。このように、速度というのは時間と掛け合わせることによって距離が得られるものだとも言えます。

ここでは、距離の単位には「km」、時間の単位には「h」を使ってきましたが、これらの単位は変更できます。例えば、「km」ではなく「m（メートル）」、「h」ではなく「s（second・秒）」などに差し替えられます。

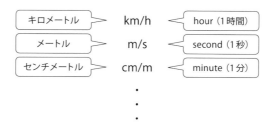

分母が「m（minute・分）」のときの速度は**分速**と呼ばれ、「1分間にどれだけ進むか」を表します。「s」のときは**秒速**と呼ばれ、「1秒間にどれだけ進むか」を表します。

10.3：ゲームの世界での速度を再現

前節で、現実世界における速度が理解できたのではないでしょうか。ここでは、ゲームの世界において、現実世界の速度を再現する方法を考えます。

3.5節では、垂直同期を基本単位としてゲーム処理が行われることを説明しました。1/60秒（もしくは1/30秒）の周期ごとに1回のゲーム処理が行われるという話でした。この章でも、1/60秒周期のゲーム（60fpsのゲーム）を前提として話を進めていきます。

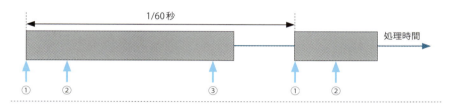

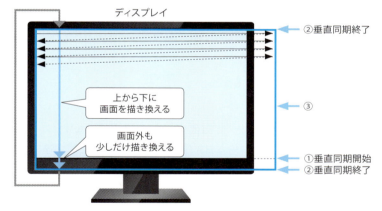

実際に、ゲーム処理で弾などを動かすことを考えます。各フレームのゲーム処理で、弾の位置に一定の値を加算し続ければ、その弾は**等速**で移動します。つまり、ずっと同じ速度で動いているように見えるはずです。

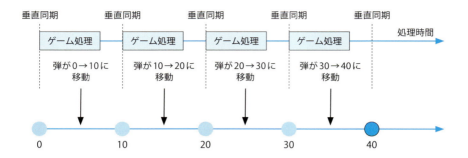

では、具体的にどのくらいの値を加算すればよいのでしょうか。実例として、60km/hを再現することを考えます。そして、座標の単位はcmとします（座標上の1.0が1cmを表す）。つまりここで求めようとしているのは、

　　1時間で60km移動するものをゲーム世界で再現するには、
　　1フレームあたり何cm移動させればよいのか

ということです。そのためには、距離のkmをcmに変換し、時間のh（時）を（fフレーム）に変換すれば良さそうです。そこで、60km/hについて改めて考えてみましょう。

$$60km/h = \frac{60km}{1h}$$

60km/hとは、分数形式で言うと「1時間分の60km」になります。この「1時間」の部分と「60km」の部分をフレームおよびcmに変換すれば目的が達成されます。

まずは60kmをcmに変換します。こちらは日常生活でも馴染みがあると思いますが、1kmは1,000mであり、1mは100cmです。このことから、

　　60km ＝ 1,000m×60 ＝ 60,000m
　　　　 ＝ 100cm×60,000 ＝ 6,000,000cm

となります。次に、h（時間）を（fフレーム）に変換します。ここでは60fpsを前提としているので、1秒間が60フレームに相当します。そして、1時間は60分であり、1分は60秒です。このことから、

$$60分 = 60秒 \times 60 = 3,600秒$$
$$= 60フレーム \times 3,600 = 216,000フレーム$$

となります。これら2つの算出結果から、60km/hをcm/fに変換してみましょう。

$$60\text{km/h} = \frac{60\text{km}}{1\text{h}}$$
$$= \frac{60 \times 1000 \times 100\text{cm}}{1 \times 60 \times 60 \times 60\text{f}}$$
$$= \frac{6000000\text{cm}}{216000\text{f}}$$
$$= 27.777\cdots\text{cm/f}$$

（1フレームごとの加算量）

1フレームに27.77777……、つまり約28を毎フレーム加算すれば、60km/hがゲーム上で再現できるということです。ゲームで速度を取り扱う場合は、このようにフレーム換算を行います。

ここでは60fpsで話を進めましたが、30fpsの場合はそれを考慮して計算する必要があります。30fpsの1フレームは60fpsの2フレーム分に相当するので、速度を倍にすれば同等の効果が得られます。

10.4：3D空間上の速度

前節では、速度をゲームで扱う際の基本的な考え方を説明しました。しかし3Dのゲームでは、さらに考慮すべき点があります。速度は一方向だけではなく、XYZの3軸で表現される空間上の任意の方向に向かって機能するという点です。

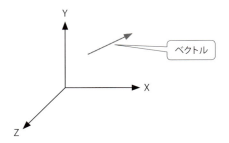

3D空間の速度は**ベクトル**で表します。速度の方向はベクトルの方向で表し、どのくらい速いかについてはベクトルの長さで表します。では、ベクトルの長さをどう設定したらよいでしょうか。そのためには、まずベクトルを正規化します。正規化というのは、ベクトルの長さを1にすることでしたね（5.3節参照）。

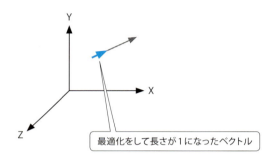

正規化によって長さを1にしたベクトルに対して、設定したい長さを乗算することで、ベクトルを任意の長さにすることができます。この長さによって、ベクトルの速度を表現するわけです。例えば60km/hの場合であれば、前節で計算したように約28cm/fですので、正規化されたベクトルに28を掛け算します。こうすることで、60km/hという速度を表すベクトルを作ることができます。

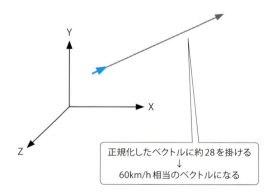

10.5：加速と減速

ここまでに取り上げてきた話は全て、一定の速度、つまり「等速」についてのものでした。この等速状態について、車を運転することを例に考えてみましょう。車の運転を始めるに際して、車は最初、止まっている状態になっています。そこからアクセルを踏むことで徐々に速度が上がり、一定の速度をキープして走行することになります。

「一定の速度をキープして走行」しているとき、車は等速状態にあると言えますが、そこに至るまでは等速ではありません。徐々に速度を上げているときは速度が変動しているからです。この速度が徐々に上がる状態を**加速状態**と言います。

逆に、速度が徐々に下がる状態を**減速状態**と言います。車を止めるためにブレーキをかけると、車は減速状態になります。

この図では、最初が加速状態、中ほどが等速状態、最後が減速状態になっています。

10.6：加速度

ここでは、前節で見た「加速」をゲームで再現する方法について説明します。いろいろな運動と同様、加速にも程度があります。車で考えると分かりやすいと思うのですが、急発進したり、ゆっくり発進したりといった、程度の差があります。この、加速の程度を**加速度**と言います。加速度が速度に影響することで、徐々に速度を速める効果が得られます。

物理学では、この速度と加速度、そして位置との関係が公式化されています。

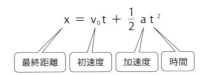

ちなみにこれは、**等加速度直線運動の公式**と呼ばれるものですが、細かいことを覚える必要はありません。ゲームにうまく落とし込めればいいのです。その方法について、具体的に見ていきましょう。

まず、最初に注意すべき点は、「速度」と「加速度」は別物だということです。加速度は速度に影響を与え、速度は位置、つまり座標に影響を与えます。

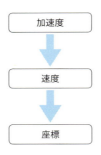

10.3 節では、速度が座標に影響を与えることについて説明しました。そこではフレーム単位で処理を行っていましたが、加速度についても同様です。加速度が、フレーム単位で速度に影響を与えるようにします。

具体例を挙げましょう。最初に「0」の位置で静止している物体があるとします。静止しているので、速度は当然「0」です。

この状態から、「20」という一定の加速度で物体を運動させると、次のようになります。

- 第1フレーム（初期状態）：速度0、位置0
- 第2フレーム：速度0に「20」を加えて速度20、その速度を座標に加えて位置20
- 第3フレーム：速度20に「20」を加えて速度40、その速度を座標に加えて位置60

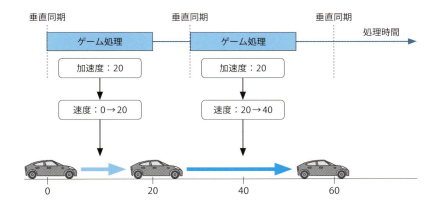

このように速度に影響を与えていくことによって、加速度をゲームで再現します。加速度を用いることで、オブジェクトが徐々に速くなるなどの効果が得られます。なお、一定の速度を保つ「等速」状態というのは、加速度が「0」の状態のことを指します。

加速度の単位

説明が前後しますが、速度と同様に、加速度にも単位があります。加速度の単位には様々なものがありますが、その中の代表的なものを例にとり、ゲームに落とし込む方法について考えましょう。最も代表的な単位は次のものです。

　　　m/s^2

速度の単位（m/sなど）に似ていますが、分母がs（秒）の2乗になっています。これに、速度に対して行ったのと同様に、1s（1秒）を掛けてみましょう。

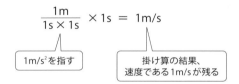

速度のときは「km」や「m」といった距離が残りましたが、加速度では「m/s」、つまり速度が残ります。「1秒」という時間を掛け合わせた結果が速度だということは、「加速度m/s^2とは1秒間で得られる速度だ」ということです。加速度とは単位時間あたりの速度の変位だ、と言ってもいいでしょう。

この変位を物体の速度に与えるわけですが、ゲームの場合は、先ほどの速度と同様、フレーム換算を行います。例えば$5m/s^2$をcm/f^2に換算するには、次のように計算します（フレームレートは60fpsだと仮定します）。

　　　$5m/s^2 = 500cm \div (60f \times 60f) ≒ 0.1388888 cm/f^2$

毎フレーム、速度に0.138888を加えることで、$5m/s^2$の効果が得られます。

10.7：重力

ここでは、物体の落下について見ていきます。高く投げたボールが落下する様子などを注意深く観察すると、徐々に速度を上げながら落ちてくることが分かります。落下は一種の加速運動です。

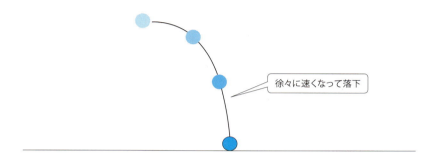

物体が落下する際に加速するのは、常に下方向に作用する力が働いているからです。この力を**重力**と呼びます。私たちが地面に接地していられるのは、この重力が作用しているからです。

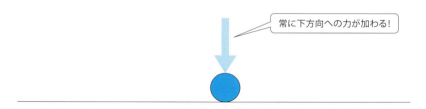

物理学的に言うと、「重力によって、物体には常に下方向の加速度がかかっている」ということになります。この加速度を**重力加速度**と言います。ゲームにおいても、重力加速度をオブジェクトに作用させることで、落下運動を再現できます。その際には、通常の加速度の場合と同様、フレーム換算を行って利用します。

重力加速度の値としては、次の値を使うのが一般的です。

$9.8 m/s^2$

10.8：重力のコントロール

重力加速度の値として 9.8m/s² を使うのが一般的なのは、これが地球上での重力加速度だからです。そのためゲームで地球以外の惑星を舞台にするときは 9.8m/s² ではなく、別の数値を使うことになります。

例えば地球を中心に回っている月では、重力が地球の 1/6 になります。それに伴って重力加速度も、9.8m/s² の 1/6 になります。重力加速度が 1/6 に小さくなるということは、物体を投げ上げたときにより高く上がるということです。また、落下の速度も遅くなり、物体はゆっくりと落ちてきます。

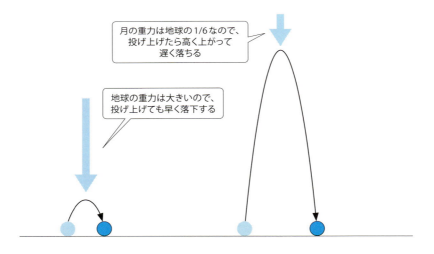

地球以外の星にまで行かなくとも、つまり地球上にいる場合でさえ、重力加速度に別の値を使うことがあります。例えば水の中に入ったときなどです。プールやお風呂に入ると体が浮かび上がるような感覚を覚えますが、これは上方向に浮かび上がらせる力が働いているからです。この力を**浮力**と呼びます。

浮力によって微妙な上方向への加速度が働くことになり、下方向に働く重力加速度と打ち消し合います。そのため、水中内で物体にかかる重力加速度は地上とは別のものとなります。浮力を「2m/s²」とした場合、水中の重力は次のようになります。

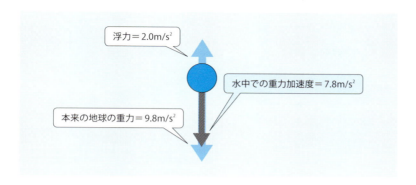

このように水中における重力は地上よりも小さくなるので、月面の場合と同様、物体は高く上がり、遅く落下します。アクションゲームのプレイヤーキャラクターが水中に入った場合にこのような挙動となるように重力をコントロールすれば、リアリティが増すはずです。

10.9：減速

ここまでは速度が徐々に上がる加速について見てきましたが、ここでは逆に速度が徐々に下がる減速について説明します。

物体を加速させる場合は、正の値の加速度を物体に作用させました。それならば、減速させるためには負の値の加速度を作用させたらいいのではないかと思いつきます。しかしこうすると、実は不自然な動きになります。

正の値の加速度をかけるというのは、「前方向に加速しよう」という意味合いになります。これに対して、負の値の加速度をかけるのは、「後ろ方向に加速しよう」という意味合いになります。前者の感覚は直感的に理解できますが、後者はイメージしづらいのではないでしょうか。

ゲームで実現したい減速という状態は、車で言うと「ブレーキをかけている状態」です。後ろ方向への加速はブレーキをかけている状態ではなく、バック走行だと言えます。

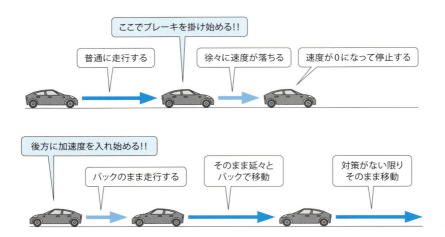

それではブレーキとはどういうものでしょうか。ブレーキは、「外部から力を加え、無理矢理に速度を抑えつける」という意味合いで捉えたほうが正解です。これをゲームで再現するには、速度に1未満の値（例えば0.9）をフレームごとに乗算してやります。

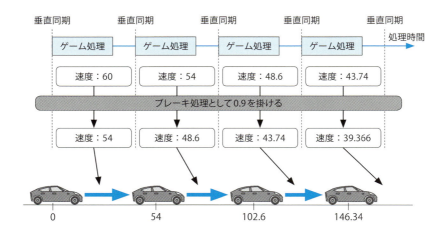

最初の速度が「60」だとすると、次のフレームではそれに0.9を掛けて

 60×0.9 ＝ 54

となります。その次のフレームでは54に0.9を掛けて、

 54×0.9 ＝ 48.6

となります。このように速度が徐々に小さくなっていきます。0.9を掛け続けることによって、速度は最終的に限りなく0に近づいていきます。また、速度に掛け合わせる値を小さくすればするほど、より強いブレーキ効果が得られます。つまり、0.9を掛けるよりも0.6を掛けたほうが、より強力なブレーキになるということです。

加速の場合と同様、減速処理を行う場合も、fpsの精度を考慮する必要があります。60fpsにおける0.9の減速処理を30fpsで再現するとするならば、どういった値を掛けるべきでしょうか。30fpsの1フレームは60fpsの2フレームに相当するので、

 0.9×0.9 ＝ 0.81

を掛ける必要があります。

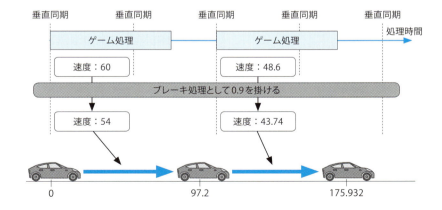

10.10：摩擦力

前節ではブレーキを「外部から力を加え、無理矢理に速度を抑えつける」ものとして説明しました。そしてこれを実現するために「0.9」という数値を速度に掛け合わせていきましたが、実はこの計算方法は物理法則に合っています。

それを説明するために、まずはブレーキという装置そのものを見てみましょう。ここでは自転車を例にとります。自転車のブレーキは、ハンドルに取り付けられているブレーキレバーを握ることで作動します。ブレーキレバーを握ると、前輪もしくは後輪がゴムのパッドによって押さえつけられ、車輪の回転速度が落ち、自転車そのものの速度が落ちます。実物を見れば一目瞭然ですが、自転車のブレーキの仕組みは非常に単純です。

このように、回転しているタイヤを無理矢理、別の物体で押さえつけて速度を落とします。この「押さえつけ」によって働く力を**摩擦力**と呼びます。物体と物体が接触しているときに発生する力で、この力によって速度を奪っていきます。

前節で速度に掛け合わせた「0.9」という数値は、**摩擦係数**と呼ばれるものです。摩擦係数は、物体の材質や表面の凹凸の具合などによって変わってきます。一般に、滑りやすい物体は大きめの値となり、滑りにくい物体は小さめの値となります。

摩擦力の作用を具体的に見てみましょう。例えば、平らな地面の上に丸い玉を転がすと、しばらくしてから停止します。これは、玉と地面との間に摩擦が生まれ、その摩擦力によって玉の速度が奪われるからです。

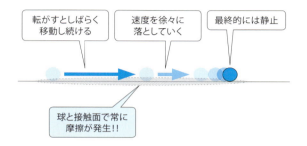

速度をどのように奪うかは摩擦係数によって決まりますが、計算する際には地面の摩擦係数が使われます。地面が氷のときと絨毯のときで比較してみましょう。氷はツルツルして滑りやすいので、摩擦係数は大きめの値、例えば「0.95」とします。一方、絨毯は滑りにくいので、摩擦係数は小さめの値、例えば「0.6」とします。こうした上で、それぞれの地面に玉を転がしてみましょう。結果は次のようになります。

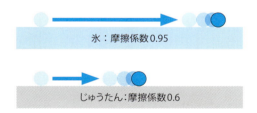

ご想像のとおり、氷の上のほうが長い距離を転がっていきます。キャラクターが氷の上を滑りながら移動するような場合、このように摩擦力を扱います。ゲームでは、減速以外にもいろいろな状況で摩擦の概念を利用できます。

コラム：重さと加速度

速度、加速度、重力、そして摩擦力を説明してきました。これで、物体の動きを制御するための最低限の要素が揃ったことになります。これらがあれば、ゲームでもそれらしい動きをプログラムすることができます。

しかし、物体に関するある要素には全く触れてきませんでした。既にお気づきの方もいらっしゃるかと思いますが、それは物体の「重さ」です。重さも物体の運動に関係がありそうに思えますが、そのあたりはどうなのでしょうか？

ここで少し昔話です。著者が小学生のころに大好きだったバトル漫画がありまして、その中の一試合で、相手を高いところから落下させ、主人公自身も落下しながら技をかけるというシーンがありました。主人公は落とした相手よりも速い速度で落下して、相手に技をかけるのです。

しかし結果は、相手が逆転勝ちします。相手は、とある方法で体重を重くし、主人公よりも速く落下して技をかけ返したのです。主人公が負けてしまったことを悔しく思うと同時に、「モノって、重いと速く落ちるんだ！」と思ったものです。

やがて高校に入学し、物理の勉強を始めます。しかし物体の落下に重さの概念が登場しません。ここで初めて、落下速度と重さには全く関係がないことに気付きます！このときはさすがに驚きました。

話がそれましたが、例えばピンポン球と、それと同じ大きさ・形状の鉛の球を同時に落下させた場合、ほぼ同時に地面に着くはずです。落下に関しては重さは関係ないので、ゲームでも重さの概念を取り入れる必要は、この時点ではないわけです。

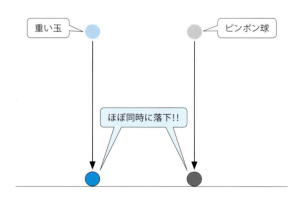

重さは、厳密には加速度を生み出すときに関係します。車を例にとって見てみましょう。静止状態からアクセルを踏み込むと加速度が作用して速度に影響を与えますが、重い車のほうが動かすのにより大きな力が必要になると想像できます。そこでゲームにおいても、「車の重さ」パラメータを持たせて制御することが考えられます。しかし、見方を変えると、重い車というのは「加速度の上がりが悪い車」と見なすこともできます。実際のゲームでは、こちらの考え方を採用するほうが多いでしょう。わざわざ重さのパラメータを持たせることはあまりありません。

と、この稿を書いていて気付きました。これまで10年以上にわたってゲームプログラミングをしてきた筆者ですが、重さの概念をゲームに組み込んだことは皆無です。厳密な物理計算をさせるために必要になることも、もしかしたらあるのかもしれませんが、なくてもゲームは作れるということです。結局のところゲームではそれらしい動きが表現できればいいのであって、無理に取り入れる必要はありません。

最後に、物体を落下させたときの速度に関して補足です。同じ重さの鉄球と羽を同時に落とした場合、どちらが早く地面に到着するでしょうか。重さは同じになっていますが、このときは玉のほうが早く地面に達します。

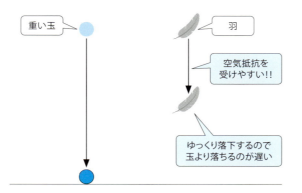

これは、**空気抵抗**が働くからです。空気抵抗は、複雑な形状をした羽のほうにより強く作用します。そのため、鉄球のほうが速く落下するのです。空気抵抗については詳細を割愛しますが、ゲームでも必要に応じて取り入れられます。

10.11：ヒットチェック

これまで、物体を移動させることについて考えてきました。しかし、好きなように移動すればよい、ということにはなりません。移動するからこそ考えなければならない問題が発生します。それは、壁や地面にぶつかって移動が遮られるという状況です。

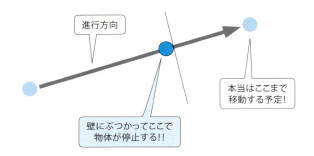

現実世界には、壁や地面が必ず存在します。何らかの遮蔽物に取り巻かれた環境で私たちは生活しています。そして、そうした遮蔽物によって移動が制限されます。これはゲームでも同じです。ゲーム内の世界を歩き回るアクションゲームなどでは、遮蔽物による移動制限の処理は必須だと言えるでしょう。

物体が移動したときに壁などの遮蔽物にぶつかるかどうかの判定を**ヒットチェック**と言います。「ヒット（hit）」とは「当たる」という意味ですから、**当たり判定**とも呼ばれます。

最近ではゲームエンジンの台頭でヒットチェックの処理を基本部分から組むことはかなり少なくなっていますが、考え方を押さえておくと有意義に使えるようになりましょう。

ヒットチェックの最小単位

ヒットチェックとは基本的に、「移動するものが他の物体に当たったとき、動きが制限されるようにすること」です。この処理を行うための最小単位について考えてみましょう。

10.11：ヒットチェック

まず「移動するもの」ですが、オブジェクトの移動をゲームで表現する場合にはベクトルを用います。これなら移動する方向と速度を同時に表すことができます。

「他の物体」は遮蔽物を指しますが、遮蔽物には様々な形状があります。垂直にそびえ立つ壁であったり、ボール状のものであったりします。最小単位を考えるとすると、「三角形」を最小の遮蔽物とするのが正解です。

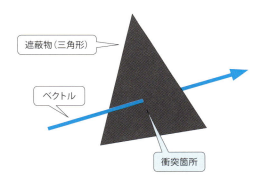

壁ということで「四角形」が連想されるかもしれませんが、4つの頂点は同一平面上に存在するとは限りません。凸面や凹面に存在する可能性があり、計算がしづらくなります。その点、三角形であれば必ず平らな面に全ての頂点が存在することになり、計算がしやすくなります。

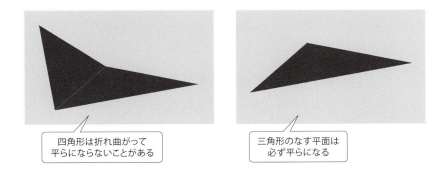

ということで、ベクトルと三角形でヒットチェックを考えるのが基本となります。

ヒットチェックの結果の扱い方

ただ単にベクトルと三角形がぶつかったことが結果として得られても、ゲームではうまく利用できません。例えば「壁にぶつかったらその場で止まる」ようにしたい場合、どの位置でぶつかったかを示す位置情報も必要になります。

具体的に見ていきましょう。まず、次の図のようにベクトルが三角形に当たるであろう状況があるとします。

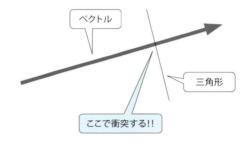

こういった場合、ヒットチェックは、「三角形によって、ベクトルがどのあたりで遮られるか？」を示す0.0〜1.0の範囲の数値を返します。ベクトルの根元が0.0、先端が1.0、中央が0.5となります。

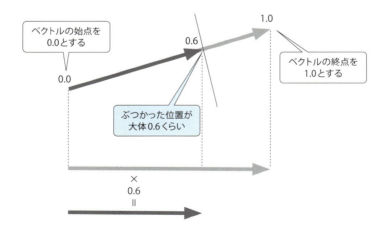

上記の図の場合、ヒットチェックによって「0.6」が返されます。この値を元のベクトルに掛け合わせれば、衝突後のベクトルが簡単に得られて便利です。

10.12：反射

前節では、ベクトルが三角形にぶつかったらその場で止まる、という例を挙げました。重い物体を高いところから落とすと地面にぶつかって止まる、というようにする場合にはこのような処理になるでしょう。しかし、落下するものが「重い物体」ではなくボールだったらどうでしょう？ そのときは地面にぶつかってもその場に止まらず、跳ね返ることが想像できます。

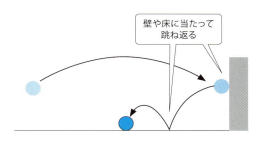

このようにベクトルが三角形に当たって跳ね返ることを**反射**と言います。 反射は、ゲームの様々な箇所で利用されます。 ここでは、ゲームで反射が実際にどのように計算されるのかを見ていきます。

反射の角度

まず、反射の角度について考えます。丈夫な壁にボールを投げつけた場合、ボールと壁との角度によって反射の角度が変わってきます。 ボールが浅い角度で当たると浅く跳ね返り、深い角度で当たると深く跳ね返ります。

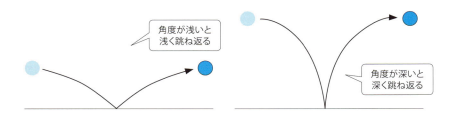

この跳ね返りの角度を決定するのに必要な情報があります。 それは、床や壁など、跳ね返す側の物体の**法線**です。

法線についておさらいしておきましょう。法線とは、三角形のような平面に対して垂直になるベクトルのことです。グラフィックス処理では、ライティング（7.7節参照）やポリゴンの表裏の判定（9.11節参照）に利用されます。

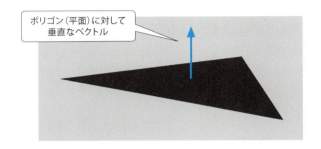

反射の角度は、**入射ベクトル**（反射する前のベクトル）と法線とのなす角度によって決まります。この角度と同じ角度で、法線をはさんで逆方向に向かうベクトルが、**反射ベクトル**（反射した後のベクトル）となります。言葉だけで説明すると分かりづらいのですが、図を見れば簡単です。次の図のようにして、反射の角度は求められます。

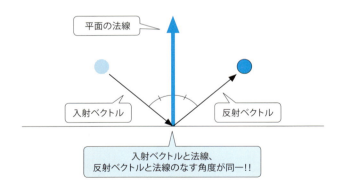

反射の減衰

例えばボールを、高いところから勢いをつけないで落としたとします。そしてこのボールを、地面のところで反射させたいものとします。その際に反射ベクトルの長さを、跳ね返る瞬間のベクトルの長さ（＝速度）と同じにするとどうなるでしょうか。こうすると、ボールを落とし始めた最初の位置と同じ高さにまで跳ね返ってしまうことになります。

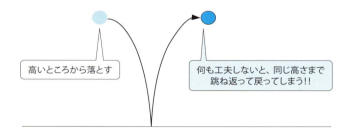

床が非常に硬く、ボールが非常によく弾むスーパーボールのようなものであれば、このようになるかもしれません。しかし大抵のボールは、反射しても元の高さにまでは戻りません。つまり、反射が行われる際にはある程度の減衰が伴います。

減衰の処理は非常に簡単です。まず、跳ね返る物体（ボール）と跳ね返す物体（床）のそれぞれに１未満の係数を持たせます。この係数を**跳ね返り係数**と言います。そしてこれらを、跳ね返る瞬間のベクトルの長さに掛け合わせます。それによって得られた値を、跳ね返った後のベクトル（反射ベクトル）の長さとします。これで減衰の効果が得られます。

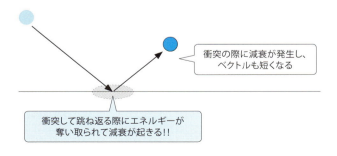

例えば、次の条件の場合、

- 入射ベクトルの長さ（速度）は60
- ボールの跳ね返り係数は0.9
- 床の跳ね返り係数は0.8

反射ベクトルの長さは次のように計算します。

　　　60×0.9×0.8＝43.2

このように計算することで、反射の減衰を実現します。減衰を用いれば、やや前方に投げ落としたボールの挙動などもうまく表現できるようになります。

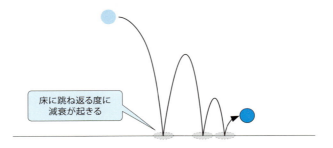

現実世界の跳ね返り係数は物体の材質や硬さなどから決定されますが、ゲームでは必ずしもそれに従うわけではありません。現実の値よりも、意図した効果が得られる値を見出すことのほうが、ゲームではより重要です。

10.13：ヒットデータ

ヒットチェックの話から少しそれてしまいましたが、ここで戻ります。10.11節ではヒットチェックのアウトラインを示しました。それを踏まえてここでは、ヒットチェックが具体的にどのように行われるかについて説明します。

先に説明したように、ヒットチェックの最小単位はベクトルと三角形です。ゲームの世界に三角形のデータをたくさん置いて、ベクトルがそれらにぶつかるかどうかをチェックしていきます。当然、三角形の数が多ければ多いほど計算量が多くなり、CPUに負荷がかかります。

10.13：ヒットデータ 329

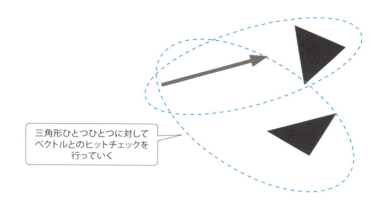

三角形ひとつひとつに対して
ベクトルとのヒットチェックを
行っていく

そのため、オブジェクトの形状をきっちりとなぞるような形で三角形を配置するのは避け、ある程度簡易化した形状をなぞるように三角形を配置します。オブジェクトの形状を大雑把に形作る三角形の集合を保持しておいて、それらの三角形に対してヒットチェックを行うのが一般的です。この簡易化した三角形の集合のデータを**ヒットデータ**と呼びます。

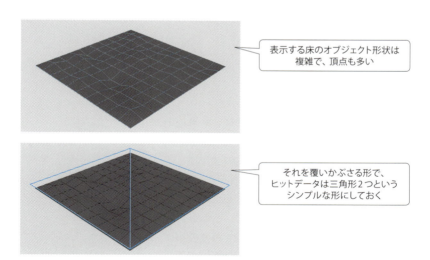

表示する床のオブジェクト形状は
複雑で、頂点も多い

それを覆いかぶさる形で、
ヒットデータは三角形2つという
シンプルな形にしておく

この図だと、元の形状が複雑になっていて三角形、つまりポリゴンも多いのですが、小さな凹凸なので、床全体を覆うように三角形2つ分のデータを用意し、それに対してヒットチェックを行うようにします。そうすることでヒットチェックの計算を減らして、CPUに対する負荷を軽減できます。

10.14：球と点との位置関係

ヒットチェックによる CPU への負荷を軽減するために、実際のオブジェクト形状をそのまま使うのではなく、ある程度簡略化した形状のヒットデータを用意することについて、前節で述べました。ここでは、どのように簡略化するべきかについて考えます。つまり、負荷を軽減するためには、複雑な形状のオブジェクトをどのような形状に単純化するべきか、ということです。

オブジェクトを包むようにヒットデータを持つのが良いのですが、それには「直方体」や「立方体」といったボックス形状が適していると言えます。

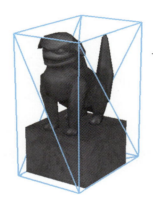

オブジェクトを包むように三角形でボックス形状のものを構成する

ボックス形状には四角形が6面あるので、三角形にすると12面が必要になります。これでも十分に少ないほうですが、もう少し効率よく計算できる方法を考えます。そこで、ボックスとは全く別の形状である「球」について見てみます。球は、その滑らかさにもよりますが、三角形（ポリゴン）で表現しようとすると非常に多くのポリゴンが必要になります。何十、何百ものポリゴンが必要になりそうです。

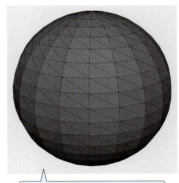

球を再現しようとすると三角形がたくさん必要になる！！

ただし、球をヒットチェックに用いるだけなら、ポリゴンを使って描画する必要はありません。内部的なデータとして保持しておくだけで十分です。さらに、球という形状はヒットチェックを行うには使いやすそうに思えます。そこで、「球」というものがどういった特徴を持っているのか整理してみましょう。

- 球を構成するものに「中心」と「半径」がある。
- **中心**とは球の中央に存在する点。
- **半径**は球の大きさを示すもので、「中心」から球面までの距離。

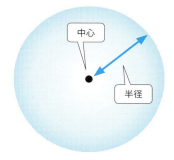

球はこのような特徴を持っています。これをヒットチェックに利用するために、まず「とある点が球の内部に存在するかどうか」について考えます。

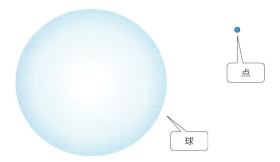

図のように点と球がそれぞれ存在するとします。球の表面（**球面**）は、中心から一定距離（半径）のところにある点の集合です。したがって、

- 中心から点までの距離が半径よりも短い場合、点は球の内側にあり、
- 中心から点までの距離が半径よりも長い場合、点は球の外側にある

と言えます。ですから、球の中心と特定の点との距離を求めれば、球と点との関係が把握できます。これが、ヒットチェックの取っ掛かりになります。

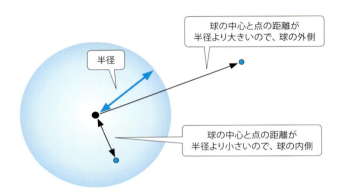

前節では、球と点との関係を明らかにしました。それを踏まえて、ここでは、球と球との関係について考えます。球と球が離れているのか、それとも一方がもう一方の内部に含まれているのか、あるいは両者は接しているのか、そういったことが判断できれば、例えばビリヤードのボールの運動などをゲームに取り込むことができます。

2つの球を「球A」「球B」とします。ともに球ですので、当然、中心と半径を持っています。それぞれの半径を「半径A」「半径B」としましょう。

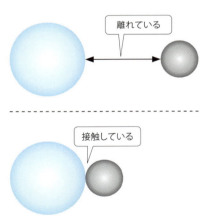

球Aと球Bが接しているとき、球Aの中心と球Bの中心との距離は「半径A＋半径B」になっているはずです。

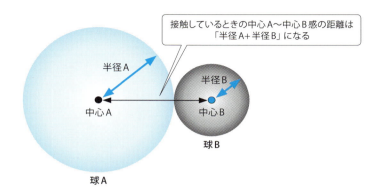

つまり、前節の「球と点との位置関係」と同様、中心間の距離を求めることで2つの球の位置関係が把握できます。例えば、両者の中心間の距離が「半径A＋半径B」よりも小さい場合は、2つの球が重なっています（一方が他方にめり込んでいる状態）。どれだけめり込んでいるかは引き算をするだけで求められるので、めり込みを解消するのも簡単です。

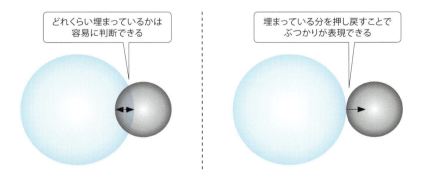

このように、球という形状は位置関係の判定がかなり容易に行えます。そのため、ヒットチェックで積極的に利用されます。

10.16：円柱と点との位置関係

球が、ヒットチェックにかなり適していることが前節で分かりました。オブジェクトをボックス形状で包む場合には最終的に三角形が12面、必要となりますが、球で包むなら球が1つあるだけで十分です。計算量が大幅に削減できると期待できます。

ただし、問題がないわけではありません。次の図を見てください。

このようにオブジェクトを球で包んだ場合、球面とオブジェクトとの間に無駄な空間が多いように思えます。それならということで、球を変形して「楕円」で包むことも可能です。楕円なら細長いオブジェクトでも効率的に包めますが、それでもまだ、余計な空間が気になります。

そこで、球のように計算が容易で、なおかつオブジェクトを包むのに都合のよい形状を考えます。そしてたどり着くのが**円柱**です。

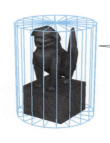

円柱を利用することで、そこそこ無駄なく包むことができる

10.16：円柱と点との位置関係

球や楕円では効率的に包めなかったものが、円柱だとうまく包めます。では、計算の容易さについてはどうでしょうか。円柱と点との関係がどのような計算で求められるのか、見ていきましょう。まずは、ある点が、円柱の内部に含まれているかどうかについて考えます。

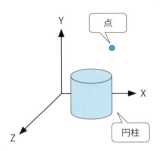

考える上でのポイントが2つあります。1つ目は上下の蓋になっている部分で、2つ目は外周になっている側面の部分です。

1つ目のポイントについては、点が上蓋より上、もしくは下蓋より下にあれば、点は必ず円柱の外にあることになります。それ以外のときは、点が円柱の内部にある可能性があります。

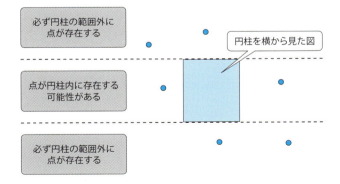

2つ目の外周に関しては、円柱の芯となるような軸に注目して考えます。円柱を上から見ると、その軸を中心とした円が現れます。その円の中心と点との距離を調べれば、位置関係を判断できます。

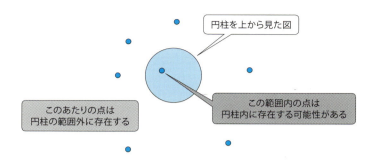

上下の蓋の部分と側面の部分をこのように調べることで、点と円柱との位置関係を把握できます。球に比べれば若干、手間はかかりますが、まずまず少ない計算量でヒットチェックが行えます。

10.17：ヒットデータのまとめ

三角形、球、円柱について説明してきましたが、それぞれに一長一短があるのが分かったかと思います。ここで、それらの特徴をまとめます。

形状	特徴
三角形	○ 組み合わせることで自由な形状のヒットデータを作ることができる。 × 構成数が多いと計算量が多くなり、CPUに負担がかかる。
球	○ 計算は非常に容易。 × 単体では複雑な形状を再現しづらい。
円柱	○ 球に比べるとオブジェクトを包むのに適している形状。 △ 球と比べるとやや劣るが、そこそこ少ない計算量で済む。

実際のゲームでは、こういった特徴を踏まえつつ、オブジェクトの形状に最も適したものをこの3種類の中から選んで使います。

コラム：ヒット抜け

ゲームの世界のキャラクターは、三角形や球などに対してヒットチェックを行いつつ、地面に沿って歩いたり壁にぶつかったりします。しかし、それらの壁や地面は中身が詰まっているわけではなく、ペラペラな三角形の板にすぎません。

ペラペラな板であっても普通はヒットチェックがうまく機能し、問題は起こらないのですが、開発中においてはたまに、キャラクターが壁を突き破ったり、地面から落下したりすることがあります。このような現象を**ヒット抜け**と言います。

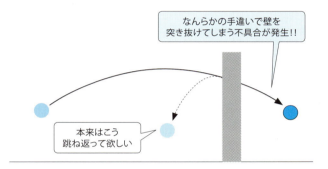

壁や地面は中身が詰まっているわけではないので、一度抜けてしまうと異世界が見えてしまったり、永久に落下したりして、進行不能に陥ります。これはゲームとして致命的な不具合です。ヒット抜けが確認された場合は、必ず修正しなければなりません。

ヒット抜けが起きる原因はいくつかあります。例えば、一部の三角形が抜け落ちていることが原因となります。あるいは、計算精度の甘さにより、三角形の連結部分で当たっていないと判定されてしまうこともあります。また、多くの敵が混在している場合に、それらに押される形で抜けてしまうこともありえます。

こういったことを考慮して、ヒット抜けが起きないよう、厳密に考えながらプログラムを組んでいく必要があります。壁に対してヒット抜けすることなく、きちんと動作することをチェックする部署もあるくらいです。そういった部署に迷惑をかけないように、しっかりとしたプログラムを作っていきたいものです。

ところで、ヒット抜けの修正方法としてユニークなものを見たことがあります。ヒット抜けが起こって延々と落下していくと、いつしか画面が真っ白になり、それから突然、元の地面に引き戻されるという方法です。

これはかなり強引な修正方法ですが、そのゲームは割とコミカルな世界観のものだったので、「こういうのもありかな？」と許せるような気持ちになりました。それと同時に、「楽な修正方法でいいよなぁ……」と思ったものです。

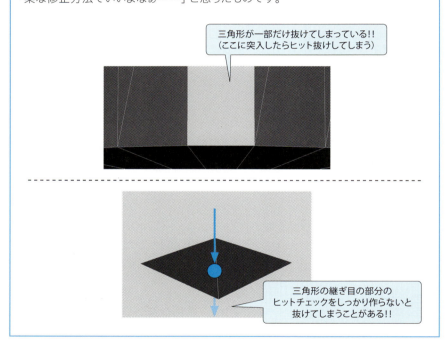

10.18：バウンディングボックスとバウンディングスフィア

ヒットチェックを行うためには当然、CPUに計算を行わせなければなりません。ヒットチェックで使う三角形や球が多くなれば、CPUへの負荷も大きくなります。 そこでここでは、ヒットチェックの計算量を減らすための工夫について考えます。

例えばあるオブジェクトに対して、ある程度複雑な形状のヒットデータを持つとします。 このヒットデータとベクトルとのヒットチェックを考えると、ヒットデータを構成する三角形の個数と同じ回数のチェックを行わなければなりません。 ここで、このヒットデータの他にもう1つデータを持つことを考えます。 そのデータとは、ヒットデータを包む直方体、もしくは球です。

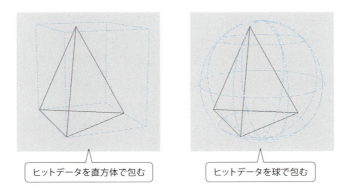

ヒットデータを直方体で包む　　ヒットデータを球で包む

これがどのように役立つかと言うと、ヒットチェックをする前にまず、外側の直方体や球を「ヒットチェックを行う必要があるかどうか」の判断材料とするわけです。 そうすることで処理は1ステップ増えますが、「ヒットチェック不要」と判断されたときには個々の三角形に対するヒットチェックをせずに済みます。 ゲーム内の広い世界では「ヒットチェック不要」と判断されるオブジェクトが大多数なので、これは非常に効率的な手法です。

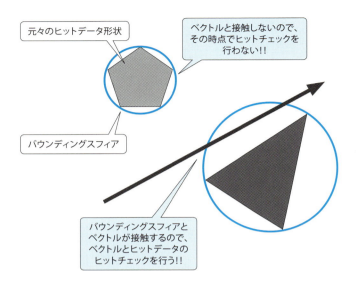

このような、ヒットデータを包む直方体を**バウンディングボックス**と言い、ヒットデータを包む球を**バウンディングスフィア**と言います（スフィア（sphere）とは「球」のことを指します）。

バウンディングボックスとバウンディングスフィアのどちらを使うかは使う者の自由ですが、バウンディングスフィアのほうが、計算が簡単なため多用されます。バウンディングスフィアに必要なデータは、中心座標と半径です。つまり、4つの浮動小数点数で表現できます。

バウンディングボックスは、ベクトルが範囲内にぶつかるかどうかを判定するためにのみ、存在します。そのため、三角形で構成する必要はありません。直方体というのは対角となる2点の座標さえ分かれば定められるので、6つの浮動小数点数で表現できます。いずれもかなり少ないデータ量で表現できるため、計算量の軽減に寄与します。

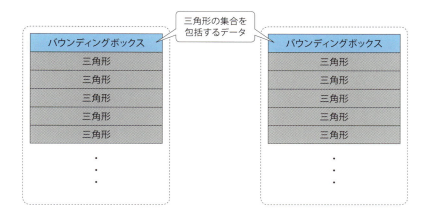

ところで、バウンディングボックスとバウンディングスフィアは、ヒットチェック以外の用途でも頻繁に使われます。例えば、任意のオブジェクトが視界に入っているかどうかの判定に利用されます。

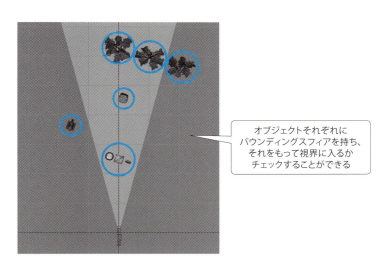

このようにバウンディングボックス、バウンディングスフィアは、様々な用途で利用できる上に、処理負荷の軽減にも貢献します。ゲームプログラミングにおいて非常に有用なツールです。

10.19：エリアの分割

バウンディングボックスやバウンディングスフィアで個々のオブジェクトを包むことで、ヒットチェックの負荷を軽減できることについて、前節で説明しました。ここでは、個々のオブジェクトよりももっと広い範囲に目を向けて、処理負荷の軽減を目指します。具体的には、次のような状況について考えます。

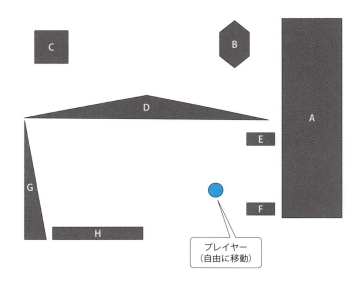

これは、様々なオブジェクトと一人のプレイヤーが存在するゲーム内世界を模式的に表したものです。プレイヤーはこの世界の中を自由に移動します。プレイヤーがオブジェクトにぶつかった場合、プレイヤーはその場で動きを停止します。オブジェクトは全部で8個ありますが、これら全てに対してプレイヤーとのヒットチェックを行うには大きな手間がかかります。バウンディングスフィア（またはボックス）を活用したとしても、かなりの処理を要します。

そこで、ゲーム世界を大雑把に分割することを考えます。

10.19：エリアの分割　　343

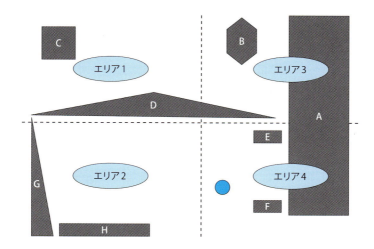

この図では、格子状に世界を4つに分けています。こうしたら次に、分割されたそれぞれのエリアに属するオブジェクトを調べ、データとして保持します。プレイヤーがどのエリアに属しているかは簡単に判断できます。そのため、プレイヤーが現在属しているエリアに存在するオブジェクトを調べるのも簡単です。そして、当該エリアに存在するオブジェクトに対してのみ、ヒットチェックを行えば、処理量を大幅に削減できます。

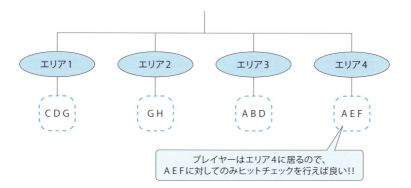

このように、エリアを分割することでヒットチェックの対象となるオブジェクトを絞り込むことができます。これによって、CPUに対する負荷を軽減できます。

10.20：まとめ

「物理」という言葉からはものものしい響きが感じられるかもしれませんが、ゲームで用いられるのは主に動きに関する部分に限られます。本章で見てきたように、計算もそれほど難しくはありません。

ただし、ここで紹介したのは、ゲーム物理の基本的な部分です。複雑な形状を持つ物体同士の衝突では、さらに込み入った処理が必要になります。また、最近のゲームでは、柔らかい布のような、形状や挙動を把握しづらいオブジェクトも取り入れられるようになってきました。それでも多くの場合、根底にあるのは非常に単純な計算です。

ゲームプログラミングで特に重要になるのは、物理法則を適用しやすくするための工夫です。例えば座標の単位をうまく設定するだけでも、物理法則はずっと扱いやすいものとなります。

こういった工夫を積み重ねることで、ゲーム内の物理的挙動をどんどん豊かなものにしていくことができます。近年ではゲーム機の処理能力も向上しており、物理計算に多くのリソースを費やすことができるようになっています。そのため「物理」は、プログラマの力量を発揮するのにもってこいの分野です。

あとがき

この本が最初に出されたのが 2012 年で現在は 2019 年ということで 7 年経ちました。今回、時代に合ったものに一部書き換えましたが、修正箇所が結構多く出たことに驚いています。章によって修正量のばらつきはありましたが、特にハードウェアの構成の変更によるものや、ゲームエンジンが扱いやすくなったことによることが影響していると思います。

特にゲームエンジンの台頭は、ゲーム開発を大きく変えた印象があります。低レベル層を一から作らなくてもエンジン側でサポートしてくれますし、モデルデータやテクスチャデータの取り扱いも非常に楽ですし、何よりゲーム開発者間でゲームエンジンという共通言語ができ上がりました。筆者自身もありがたく利用し、活用させてもらっています。

ゲームエンジンを触ると基本的なところを飛び越えて扱えるので、本書の内容も時代にそぐわないものなのかなと感じてしまいますが、やはりそんなことは無いと思っています。自分自身がそうですが、細かな挙動を把握することで、ゲームエンジンなどでも中の挙動が想像しやすいところがあると感じています。

そういった「細かな挙動」をどこまで把握するかという問題もあるにはありますが、まずそこに興味を持ってもらえるところ、そして楽しんで理解するのが大事だと思っています。もし本書がその手助けになるのであれば幸いです。

本書を読んでくださった皆様、作成に携わった皆様、そして関わった全ての皆様に感謝します。またどこかでお会いしましょう！

索引

●数字

2 進数	96
2 の補数	99
10 進数	96
16 進数	97

●A

AND	105

●C

CPU	2, 15, 50

●D

DOF	281
DXT 圧縮	253

●E

eDRAM	89

●F

far 面	143, 242
fps	61
FPU	113
FreeSync	64

●G

GPU	2, 65, 196

●H

HDR	250

●I

IK 処理	173

●L

LOD	291

●N

near 面	143, 242

●O

OR	104

●R

RGBA	199
ROM カートリッジの容量	18

●U
UV 座標 207

●V
VRAM 88

●Z
Z バッファ 233

●あ
当たり判定 52, 322
圧縮 42
圧縮テクスチャ 251
アドレス 17
アニメーション 148

●い
インデックスバッファ 226

●う
ウェイト 178
裏読み 45

●お
オーバーレイ 53
親関節 168
親子関係 168

●か
回転 123
解放 22
画角 141
拡大縮小 122
確保 22
加速状態 309
カメラ 140
関節 154

●き
キーフレーム 188
逆マトリクス 131
キャッシュ 83
行列 120

●く
グーローシェーディング 214
クォータニオン 134
クロスシミュレーション 165

●け
減速 315
減速状態 309

●こ
コア 76
子関節 168
骨格データ 183
固定小数点数 108

●こ

コプロセッサ 91
コントローラー 2

●さ

座標 116, 118
座標軸 116
座標の単位 302

●し

シーク 39
シェーダー 264
四元数 134
視錐台 141
重力 313
重力加速度 313
常駐 21
処理落ち 59
ジンバルロック 134

●す

垂直同期 57, 196
垂直同期期間 58
スキニング 177
ステンシル 244
ステンシルテスト 245
ステンシルバッファ 244
ストレージ 2
スレッド 74

●せ

正規化 119

●そ

速度 303

●た

ダブルバッファ 67, 196
単位マトリクス 121

●ち

頂点 117
頂点カラー 204
頂点シェーダー 264
頂点バッファ 227

●て

ディザパターン 240
ディザリング 249
ディスクメディア 38
ディスプレイ 2
ディファードレンダリング 298
テクスチャ 205
テクスチャ座標 207
テクスチャスクロール 271
デプステスト 235
デプスバッファ 233
デルタタイム 62

展開 43
点光源 215

●と
等加速度直線運動 310
等速 305
トライアングルストリップ 228

●な
内積 211

●に
入射ベクトル 326

●の
ノード 284

●は
倍精度浮動小数点数 112
バイト 13
バウンディングスフィア 340
バウンディングボックス 340
パレットテクスチャ 258
反射 325
反射ベクトル 326
半精度浮動小数点数 112
半透明 237
バンプマッピング 268

●ひ
光の三原色 199
ピクセル 197
ピクセルシェーダー 264
被写界深度 281
左手座標系 117
ビット 14
ビットシフト 101
ヒットチェック 52, 322
ヒット抜け 337
ビュー座標系 139
描画キック 72
描画コマンド 66, 196
ビルボード 246

●ふ
フェイシャルアニメーション 192
フォワードプラスレンダリング
.... 299
フォワードレンダリング 297
物理ベースレンダリング 274
浮動小数点数 109
不透明 237, 295
フラットシェーディング 214
浮力 314
ブルーム 277
フレーム 58
フレームバッファ 66, 196
フレームレート 61
ブレンドシェイプ 192
プログラム 50
プロジェクション座標系 144

●ブ

項目	ページ
ブロック図	80
ブロックノイズ	257

●へ

項目	ページ
平行移動	125
平行光源	215
並列処理	77
ベクトル	118, 308

●ほ

項目	ページ
法線	211
法線情報	212
法線マップ	268
補助関節	179
補助骨	179
ポストフィルタ	275
ポリゴン	204
ポリゴンの裏表	288

●ま

項目	ページ
摩擦係数	318
摩擦力	318
マッハバンド	249
マトリクス	120
間引き	189
マルチコア	76

●み

項目	ページ
右手座標系	117
ミップマップ	293

●め

項目	ページ
メインループ	51
メモリ	2
メモリの断片化	27
メモリリーク	33

●も

項目	ページ
モーションキャプチャ	193

●り

項目	ページ
リニアカラー	202

●る

項目	ページ
ループ	51

●れ

項目	ページ
レンダーテクスチャ	275

●ろ

項目	ページ
ローカル座標系	136
論理演算	104
論理積	105
論理和	104

●わ

項目	ページ
ワールド座標系	136

ゲームを動かす技術と発想 R

2019年12月25日 初版第1刷 発行
2022年 1月25日 初版第2刷 発行

著　　　者	堂前 嘉樹
発 行 人	村上 徹
編　　　集	加藤 諒
発　　　行	株式会社 ボーンデジタル
	〒102-0074
	東京都千代田区九段南一丁目5番5号 九段サウスサイドスクエア
	Tel：03-5215-8671　　Fax：03-5215-8667
	www.borndigital.co.jp/book/
	E-mail：info@borndigital.co.jp

レイアウト	梅田 美子（株式会社 Bスプラウト）
印刷・製本	シナノ書籍印刷株式会社

ISBN：978-4-86246-467-5
Printed in Japan

Copyright © Yoshiki Domae. All rights reserve.

価格は表紙に記載されています。乱丁、落丁等がある場合はお取り替えいたします。
本書の内容を無断で転記、転載、複製することを禁じます。